知
味

寻味历史

食在先秦两汉

孙鸣晨

编著

万卷出版有限责任公司
VOLUMES PUBLISHING COMPANY

图书在版编目（CIP）数据

食在先秦两汉 / 孙鸣晨编著. -- 沈阳 : 万卷出版
有限责任公司，2025．5. --（寻味历史）. -- ISBN 978-
7-5470-6714-7

Ⅰ. TS971. 202

中国国家版本馆CIP数据核字第20255F3T92号

出 品 人：王维良
出版发行：万卷出版有限责任公司
　　　　　（地址：沈阳市和平区十一纬路29号　邮编：110003）
印 刷 者：辽宁新华印务有限公司
经 销 者：全国新华书店
幅面尺寸：145 mm×210 mm
字　　数：230千字
印　　张：10
出版时间：2025年5月第1版
印刷时间：2025年5月第1次印刷
责任编辑：高　爽
责任校对：郑云英
装帧设计：马婧莎
ISBN 978-7-5470-6714-7
定　　价：39.80元
联系电话：024-23284090
传　　真：024-23284448

目录

礼仪之邦的宫廷宴飨

帝王将相的八珍筵席

中国古代筵席的演变史与饮食文化的传承紧密相连，其根基深植于博大精深的中华文明之土。所谓的"八珍"，最初是指八种稀有且珍贵的食材或精心制作的美食，或是八种独特的烹饪技艺，因其珍稀而以"珍"命名。周代出现的八珍筵席可谓是中国古代此类筵席的鼻祖，其后在汉、唐、元、明、清各个朝代均有发展与变迁。

八珍筵席的历史最早可追溯至周代经典文献，它是宫廷中极具声望的盛宴。《周礼·天官·冢宰·膳夫》中有详细记载，根据郑玄的注解，我们可以窥见当时的八珍菜单由二饭六菜构成，具体包括淳熬（肉酱油浇饭）、淳母（肉酱油浇黄米饭）、炮豚（煨烤炸炖乳猪）、炮牂（煨烤炸炖母羔）、捣珍（烧牛羊鹿里脊）、渍珍（酒糟牛羊肉）、熬珍（五香酱牛肉干）以及肝膋（烧烤网油包猪肝）。类似的记载亦可见于《礼记·内则》与《楚辞·招魂》。

进入汉唐时期，"八珍"一词的含义开始泛化，也用以指代各种美味佳肴。到了宋代，主要指八种珍贵食材。元代时，由于民族融合，八珍筵席的内容变得更加丰富多彩。据《南村辍耕录》记载，北方游牧民族仿照周代的八珍筵席，创造了名为迤北八珍席的宴席，亦称为北八珍或蒙古八珍。明清时代，在此基础上进一步扩展了海味食材的使用，衍生出山水八珍、参刺八珍等多样化的筵席形式。在满汉全席中，更是细化为"四八珍"：山八珍、海八珍、禽八珍、草八珍。从最初的八珍筵席到明清时期的丰富多样，我们得以窥见中国饮食文化连绵不断的历史脉络和深厚的文化积淀。

食医①：掌和王之六食②、六饮③、六膳④、百羞⑤、百酱、八珍之齐⑥。凡食齐视春时⑦，羹齐视夏时⑧，酱齐视秋时⑨，饮齐视冬时⑩。凡和，春多酸，夏多苦，秋多辛，冬多咸，调以滑甘。凡会膳食之宜⑪，牛宜稌⑫，羊宜黍⑬，豕宜稷⑭，犬宜粱⑮，雁宜麦⑯，鱼宜菰。凡君子之食，恒放焉。(《周礼·天官·冢宰·食医》)

【注释】

①食医：周代掌管宫廷饮食滋味温凉及分量调配的医官。

②和：调配各种食物的比例和分量。六食：六谷所作的食物。

③六饮：周代宫廷中的六种饮料。据《周礼》载，其名为：

水、浆、醴、凉、医、酏。

④六膳：古代帝王的六种不同等级的膳食，这在古代中国的饮食文化中具有特殊的地位。

⑤百羞：丰富多样的美味食物。《周礼·天官·内饔》："选百羞酱物珍物以俟馈。"

⑥八珍：通常指的是中国古代烹饪中的一种高级菜肴，由八种珍贵食材组成，每种食材都具有独特的营养价值和风味。

⑦食齐视春时：饭宜温，饭食应该比照春天以温热为宜。食，上六食。视，阮元刻本为"眂"，犹比也。

⑧羹齐视夏时：羹宜热，羹汤应该比照夏天以热为宜。

⑨酱齐视秋时：酱宜凉，酱料应该比照秋天以凉为宜。

⑩饮齐视冬时：饮宜寒，饮品应该比照冬天以寒为宜。

⑪会：这里指调配的意思。

⑫牛宜稌（tú）：牛肉宜搭配稻饭。稌，稻子，《诗经·周颂·丰年》："丰年多黍多稌，亦有高廪，万亿及秭。"

⑬羊宜黍（shǔ）：羊肉宜搭配黍饭。黍，黄米，比小米稍大，煮熟后有黏性，可以做主食饭粥，也可以酿酒、做糕等。《诗经·魏风·硕鼠》："无食我黍！"

⑭豕（shǐ）宜稷（jì）：猪肉宜搭配稷饭。豕，猪，《说文》："豕，彘也。"稷，一说为不黏的黍，又说为高粱，《本草纲目》："黏者为黍，不黏者为稷。"

⑮犬宜粱（liáng）：狗肉宜搭配粱饭。粱，古代指粟的优良

品种，子实也称梁，为细粮。《诗经·小雅·黄鸟》："黄鸟黄鸟，无集于桑，无啄我粱。"

⑯雁宜麦：雁肉适合与麦类食物相搭配。

膳夫①：掌王之食、饮、膳、羞②，以养王及后、世子。凡王之馈，食用六谷③，膳用六牲④，饮用六清⑤，羞用百二十品⑥，珍用八物⑦，酱用百有二十瓮⑧。(《周礼·天官·冢宰·膳夫》)

【注释】

①膳夫：亦称膳宰，周代掌宫廷饮食的官员。

②食、饮、膳、羞：食，饭；饮，酒浆；膳，牲肉；羞，滋味。

③六谷：是中国古代的六种主要谷物，古时指稻、黍、稷、粱、麦、苽（菰米）六种农作物。

④六牲：郑玄《注》云："六牲，马牛羊豕犬鸡也。"

⑤六清：郑玄《注》云："六清，水、浆、醴、凉、医、酏。"这六种饮品中水自然是清的，其他五种饮品有清浊之分，以清者为佳。

⑥羞用百二十品：郑玄《注》云："羞，出于牲及禽兽，以备滋味，谓之庶（众）羞。"

⑦珍用八物："珍"这里指珍贵、高级的食物。"八珍"具体指的是淳熬、淳毋、炮豚、炮牂、捣珍、渍珍、熬珍和肝膋八种食品或烹饪方式。

⑧瓮（wèng）：陶制盛器，小口大腹。

礼文经典中的乡饮酒礼

周天子吃饭真讲究

荤素均衡搭配，业已成为现代普遍推崇的健康饮食理念。在层出不穷的美食组合中，中华食谱日益丰富，如粤菜中的"梅菜扣肉""豆豉蒸排骨"、闽菜里的"佛跳墙"、浙菜里的"荷叶粉蒸肉""龙井虾仁"、东北菜的"酸菜排骨""小鸡炖蘑菇"等。时至今日，人们在品味美食的同时，亦愈发注重餐饮环境的营造，如音乐的悠扬、灯光的柔和，这些元素共同作用于促进身心健康、渲染餐饮氛围，而这样的饮食文化实则在三千年前的中国已有萌芽。

《周礼》作为最早详尽记载这些饮食讲究的文献，其蕴含的饮食文化深刻反映了早期中国的饮食价值观与文化理念。以《周礼》中记述的周天子膳食为例，为天子特制的"营养餐"，讲究食材的精妙搭配：牛肉与大米饭相得益彰，羊肉则与黍饭相配，猪肉与稷饭、狗肉与粱饭、鹅肉与麦饭、鱼肉与菰米饭，皆成绝妙组合。每次用膳，皆精选一种肉食，或牛或羊，余者类推，以十二鼎烹制佳肴，再以俎器盛放，恭敬呈至周天子面前。此时还有音乐奏响，既是对周天子德行治理天下的颂扬，也是一种天下太平繁荣昌盛的象征。此外，饭食温度以春日之暖为宜，羹汤则效仿夏日之热烈，酱类调味品取秋日之凉爽，饮料则顺应冬日之寒冽。在调味上，春日偏重酸味，夏日以苦味为主，秋风送爽时则加辛辣，冬日则偏爱咸香。这一切，无不彰显了古人智慧在饮食文化中的深邃与精妙。

王日一举①，鼎十有二②，物皆有俎③。以乐侑食④。膳夫授祭⑤，品尝食，王乃食。卒食⑥，以乐彻于造⑦。王齐，日三举。大丧则不举，大荒则不举，大札则不举⑧，天地有灾则不举，邦有大故则不举⑨。王燕食⑩，则奉膳、赞祭⑪。凡王祭祀、宾客食，则彻王之胙俎⑫。凡王之稍事，设荐脯醢⑬。王燕饮酒，则为献主。掌后及世子之膳羞。凡肉脩之颁赐⑭，皆掌之。凡祭祀之致福者，受而膳之，以挚见者⑮，亦如之。岁终则会，唯王及后、世子之膳不会。（《周礼·天官·冢宰·膳夫》）

【注释】

①王日一举：王用膳每天在早餐前杀一牲。

②鼎十有二：这里是将正鼎和陪鼎陈列十二个。

③俎（zǔ）：古代祭祀或宴会时放牲体的礼器器具。《左传·隐公五年》载："鸟兽之肉，不登于俎。"

④侑（yòu）：在筵席旁助兴，劝人吃喝。《诗经·小雅·楚茨》云："以为酒食，以享以祀。以妥以侑，以介景福。"

⑤膳夫授祭：郑玄《注》云："礼，饮食必祭，示有所先。"古人在饮食之前会先行祭礼，叫作食前祭礼。这里指的是在用膳前膳夫把祭礼的食物授给王。

⑥卒（zú）：完毕，终了。

⑦造：类似于今天的厨房。

⑧大札（zhá）：瘟疫。

⑨邦：古代诸侯的封国、国家。大故：重大事故，这里指大的军事行动。

⑩燕食：日常的午餐和晚餐。

⑪奉：两手恭敬地捧着。祭：食前祭礼。

⑫胙俎（zuò zǔ）：谓主人饮食之俎。胙，通"阼"，东阶，主人之位。

⑬脯醢（fǔ hǎi）：佐酒的菜肴。

⑭脩（xiū）：肉干。《论语·述而》云："自行束脩以上，吾未尝无诲焉。"

⑮挚（zhì）：赠送礼物。《礼记·郊特牲》云："执挚以相见。"

宴请他人要有礼

《礼记》云："夫礼之初，始诸饮食。"在中国的历史中，礼仪制度和风俗习惯，始于饮食活动。回溯先秦时期，那些睿智的先贤便已匠心独运，制定了繁复而精细的礼仪规范，旨在通过饮食之举，彰显人与人之间的谦恭与礼让。

先秦时期，若邀人共餐，主人与客人身份各异，则需恪守不同的礼仪准则。坐席之位，尊者长者居前，自身则谦居其后，以示敬仰。及至正餐伊始，有侍者捧食而入，客人需起身立正，向主人致以诚挚的谢意。倘若客人面对的是师长、长辈或尊贵之主，更应亲手端起饭食，与主人互道谦辞，待一番寒暄礼毕，方可安然入座。

用餐之际，身体要尽量靠前坐，因为当时吃饭是在干净的坐席上，如此坐姿，可避免食物汤汁溅落，玷污坐席。此外，共食一盘之时，亦需心存敬意，不可贪食无厌，更不可与他人争抢。已经夹取的饭菜不能再放回公盘里。饭食需细嚼慢咽，不可狼吞虎咽；若咀嚼时发出声响，则为失礼之举。最后，在宴饮结束时，客人不能在主人吃完之前放下筷子；在宴饮全部结束时，客人要将剩下的食物递给送食物的"相者"。这些饮食礼仪都寄托着人际亲和、政通人和的内涵，是君子品格的最佳标识，甚至承载着中华文化的民族心理、社会文化、伦理精神。

若非饮食之客，则布席①，席间函丈②。主人跪正席③，客跪抚席而辞④。客彻重席⑤，主人固辞。客践席⑥，乃坐。主人不问，客不先举。将即席，容毋怍⑦。两手抠衣，去齐尺⑧。衣毋拨，足毋蹶⑨。先生书策琴瑟在前⑩，坐而迁之，戒勿越。虚坐尽后，食坐尽前⑪。坐必安，执尔颜⑫。长者不及，毋僭言⑬。正尔容，听必恭，毋剿说⑭，毋雷同。必则古昔，称先王。（《礼记·曲礼上》）

【注释】

①布席：铺设坐席。

②函丈：亦作"函杖"，古代讲学者与听讲者，座席之间相距一丈。

③正席：摆正坐席，使合规定。

④辞：推辞，这里指客辞主人为己正席。

⑤彻：通"撤"。

⑥践席：步入座席。

⑦怍（zuò）：郑注："颜色变也。"

⑧两手抠衣，去齐（zī）尺：孔疏："抠，提挈也。衣谓裳也。齐是裳下缉也。""裳下缉"即衣裳的下摆。

⑨蹶（jué）：孔疏："行急遽貌也。"

⑩书策：书册，书籍。琴瑟：琴与瑟均由梧桐木制成，带有空腔，丝绳为弦。琴初为五弦，后改为七弦；瑟二十五弦。

⑪"虚坐"二句：古人席地而坐，饮食时与非饮食时坐法不同。非饮食时，要"虚坐"，也叫"徒坐"，"虚坐尽后"即尽量靠后坐，是为了表示谦逊。饮食时，为"食坐"，"食坐尽前"即尽量靠前坐，是为了避免食物玷污坐席。

⑫执：守，保持。

⑬毋儳（chàn）言：指长者正与甲说话言事，乙不得以己言打岔掺入。

⑭勦（chāo）说：郑注："谓取人之说以为己说。"

凡进食之礼，左殽右胾①，食居人之左，羹居人之右；脍炙处外②，醯酱处内③；葱渫处末，酒浆处右。以脯脩置者④，左朐右末⑤。

客若降等，执食，兴，辞⑥。主人兴，辞于客，然后客座。主人延客祭⑦，祭食，祭所先进，殽之序，遍祭之。三饭，主人延客食胾，然后辩殽⑧。主人未辩，客不虚口⑨。卒食，客自前跪，彻饭齐以授相者⑩，主人兴，辞于客，然后客坐。

侍食于长者，主人亲馈，则拜而食；主人不亲馈，则不拜而食。共食不饱⑪，共饭不泽手⑫。

毋抟饭，毋放饭，毋流歠⑬，毋咤食⑭，毋啮骨⑮，毋反鱼肉，毋投与狗骨⑯。毋固获⑰，毋扬饭⑱。饭黍毋以箸⑲。毋嚃羹⑳，毋絮羹㉑，毋刺齿㉒，毋歠醢。客絮羹，主人辞不能亨；客歠醢，主人辞以窭㉓。濡肉齿决㉔，干肉不齿决。毋嘬炙㉕。

侍饮于长者，酒进则起，拜受于尊所。长者辞，少者反席而饮。长者举，未釂㉖，少者不敢饮。

长者赐，少者、贱者不敢辞。赐果于君前，其有核者怀其核。御食于君，君赐余，器之溉者不写㉗，其余皆写。

馂余不祭㉘。父不祭子，夫不祭妻。

御同于长者，虽贰不辞，偶坐不辞。

羹之有菜者用梜㉙，其无菜者不用梜。（《礼记·曲礼上》）

【注释】

①左殽右胾（zì）：切成大块的带骨的熟肉为殽，不带骨的肉为胾。

②脍（kuài）：细切的肉、鱼。

③醢（hǎi）：肉酱。

④脯脩（fǔ xiū）：脯与脩，都是干肉。

⑤朐（qú）：屈曲的干肉。

⑥"客若降等"四句：客人的地位等级如果低于主人，不敢与主人在同一处吃饭，客人要拿起饭食起身向主人辞谢，表示要下堂去吃饭。

⑦延客祭：客人地位不及主人，则由主人引导祭祀，其祭法是各取少许席前食物，放在豆器之间，表示报答古代造食之人；

若主、客地位相当，则主人毋须"延客祭"。

⑧辩：通"遍"。

⑨虚口：郑注是指"酳"（yìn），即食毕以酒漱口。

⑩彻：撤掉。齐（jī）：通"齑"，调味的酱。相者：主人派以向客人传命和导客进食者。

⑪共食不饱：共食，谓与人共食器，与下"共饭"为互文。

⑫泽手：揉搓手。

⑬流歠（chuò）：大口喝汤。放饭流歠指的是大口吃饭，大口喝汤，旧指没有礼貌。歠，喝、饮。

⑭咤（zhà）食：进食时口中作声。孔颖达疏："咤，谓以舌口中作声也。"

⑮啮（niè）骨：嚼骨头。

⑯毋投与狗骨：指不要轻贱食物。

⑰固获：独占或争取食物。

⑱扬饭：扬热饭以使速凉。

⑲饭黍毋以箸：吃黍饭应该用匕。匕为古代取食器，类似于今天的羹匙而更大。

⑳嚃（tà）羹：饮羹不加咀嚼而连菜吞下。

㉑絮羹：加盐、梅于羹中以调味。这里指的是嫌主人的饭菜不美味。

㉒刺齿：剔剔牙齿。

㉓窭（jù）：贫穷、贫寒无以为礼。

㉔濡（rú）肉：煮烂的肉。齿决：用牙齿咬断。

㉕嘬（chuài）：大口吞食。

㉖釂（jiào）：饮杯中酒。

㉗器之溉者：可以洗涤的器皿，如陶瓷器或木器。

㉘馂（jùn）：吃剩下的食物。

㉙梜（jiā）：筷子。

尊老敬长的文化品格

在周代，尊崇长者与敬老被推崇为时代的典范品格，这种德行不仅体现了文明进步，也铸就了一种孝顺、友悌和礼让的社会风尚。在日常饮食文化中，对年长者的关怀体现得淋漓尽致，随着他们年岁的增长，其饮食的质量和标准亦随之提升，年轻人更是要在日常生活中细心呵护长者的饮食。在周代的饮食礼仪之中，须先让老人享用，随后自己再进食。当长辈斟酒时，晚辈需起身，以恭敬的态度向长辈行拜谢之礼。更令人称奇的是，周代还专门设立了一种养老礼仪，以此表达对长者的敬意和感激，周天子本人也会亲自示范，以身作则。这种以孝悌为本的治国理念，不仅是当时社会稳定的重要基石，也是后世传颂的美好品质。

八十拜君命，一坐再至^①，瞽亦如之^②。九十使人受。五十异粮^③，六十宿肉^④，七十贰膳^⑤，八十常珍，九十饮食不离寝，膳饮从于游可也^⑥。六十岁制，七十时制，八十月制，九十日修，唯绞、紟、衾、冒，死而后制。五十始衰，六十非肉不饱，七十非帛不煖^⑦，八十非人不煖，九十虽得人不煖矣。五十杖于家^⑧，六十杖于乡，七十杖于国，八十杖于朝。九十者，天子欲有问焉，则就其室，以珍从。七十不俟朝，八十月告存^⑨，九十日有秩。五十不从力政，六十不与服戎，七十不与宾客之事，八十齐衰之事弗及也^⑩。五十而爵^⑪，六十不亲学，七十致政^⑫，唯衰麻为丧。（《礼记·王制》）

【注释】

①至：谓头至地。

②瞽（gǔ）：盲人。

③粮（zhāng）：粮食。

④宿（sù）肉：隔日备肉；留肉过夜。

⑤贰膳（èr shàn）：指储备珍美的食品。

⑥膳饮：饮食。

⑦帛：丝织品。

⑧杖：拄拐杖。

⑨存：慰问。

⑩齐衰：亦作"齐缞"，本义为丧服，五服之一，服用粗麻布制成，以其缉边缝齐，故称"齐衰"。

⑪爵：谓大夫之爵。

⑫致政：解除政务职责，辞官退休。

八年，出入门户及即席饮食，必后长者，始教之让①。九年，教之数日②。(《礼记·内则》)

【注释】

①让：谦让。

②数日：郑注："朔望与六甲。"即关于记日的知识，初一、十五，及天干、地支相配的日子六十甲子。

縰屦，以适父母舅姑之所。及所，下气怡声①，问衣燠寒②，疾痛苛痒③，而敬抑、搔之④。出入则或先或后，而敬扶持之。进盥，少者奉槃⑤，长者奉水，请沃盥，盥卒，授巾。问所欲而敬进之，柔色以温之，饘、酏、酒、醴、芼、羹、菽、麦、蕡、稻、黍、粱、秫唯所欲⑥，枣、栗、饴、蜜以甘之⑦，堇、荁、枌、榆⑧，免槁薧、瀡、瀡以滑之⑨，脂膏以膏之。父母舅姑必尝之而后退。(《礼记·内则》)

【注释】

①怡：悦。

②燠(yù)：暖。

③苛：通"疴"，疥癣。

④抑：按。搔：摩。

⑤槃：同"盘"，承接水的木盘。古人洗手，要用匜（yí）盛水，倒在手上，下边用盘接水。

⑥饘：稠粥。酏（yí）：稀粥。芼：菜。羹：肉羹。或说"芼羹"是以菜杂肉之羹。菽：豆的总称。蕡（fèi）：大麻子。黍：今之黄米。梁：即粟，北方俗称"谷子"，去壳后称"小米"。秫（shú）：稷之黏者。

⑦饴（yí）：糖。

⑧堇：堇菜。苣（huán）：堇菜类，叶较大。枌（fěn）：白榆树皮。榆：刺榆，榆树的一种。

⑨兔（wèn）：新鲜的。蔍（kǎo）：干的。滫（xiǔ）：疑指使食品稍加发酵变柔软。瀡（suǐ）：郑注："齐人滑曰'瀡'。"或指勾芡使食品柔滑。

凡祭与养老乞言①、合语之礼，皆小乐正诏之于东序。大乐正学舞干戚②，语说，命乞言，皆大乐正授数③，大司成论说在东序④。凡侍坐于大司成者，远近间三席⑤，可以问，终则负墙⑥，列事未尽，不问。

凡学，春，官释奠于其先师⑦，秋、冬亦如之。凡始立学者，必释奠于先圣、先师，及行事，必以币。凡释奠者，必有合也，有国故则否。凡大合乐，必遂养老。（《礼记·文王世子》）

【注释】

①养老乞言：郑注："养老人之贤者，因从乞善言可行者也。"

指世子以养老礼款待德高望重的老人时，向他们求教善言。

②干戚：盾与斧，也是武舞所持的道具。

③数：指所教授的篇数。

④大司成：在大学专门讲说义理的人。孙希旦说，大司成无定人，无专职，必其位望尊重而道德充盛者乃得为之。

⑤三席：孔疏："席制广三尺三寸三分寸之一，三席则函一丈，可以指画而问也。"

⑥负墙：古时与尊者言谈毕，退至于墙，肃立，以示避让尊敬之意。

⑦释奠：放置祭品于先师之位前。

有司卒事反命，始之养也。适东序，释奠于先老①，遂设三老、五更、群老之席位焉②。适馔省醴③，养老之珍具④，遂发咏焉⑤。退，修之以孝养也⑥。反，登歌《清庙》⑦，既歌而语⑧，以成之也。言父子、君臣、长幼之道，合德音之致，礼之大者也。下，管《象》⑨，舞《大武》⑩。大合众以事，达有神，兴有德也。正君臣之位、贵贱之等焉，而上下之义行矣。有司告以乐阕⑪，王乃命公、侯、伯、子、男及群吏曰"反，养老幼于东序"，终之以仁也。

是故圣人之记事也⑫，虑之以大，爱之以敬，行之以礼，修之以孝养，纪之以义，终之以仁。是故古之人一举事而众皆知其德之备也。古之君子，举大事必慎其终始，而众安得不喻焉⑬？

《兑命》曰："念终始典于学。"（《礼记·文王世子》）

【注释】

①先老：孙希旦说，指先世的三老、五更。

②三老：职名。由三公致仕者担任。五更：职名。由孤卿致仕者担任。群老：大夫、士致仕者。

③适、省（xǐng）：检查、省视。馔（zhuàn）：指笾、豆、俎等盛放食品的器具。

④珍具：盛放美食的器具。

⑤发咏：奏乐歌咏。

⑥修：治。

⑦《清庙》：《诗经·周颂》中的篇名。

⑧语：合语。郑注："谈说也。"

⑨管：用管演奏。《象》：乐曲名。周武王伐纣之乐。

⑩《大武》：周代的乐舞。《史记·吴太伯世家》："见舞《大武》，曰：'美哉！周之盛也其若此乎！'"

⑪阕（què）：郑注："终也。"

⑫记事：指养老之事。

⑬喻：明了。孔疏："言众皆晓喻养老之德也。"

乡饮酒之礼^①：六十者坐，五十者立侍以听政役^②，所以明尊长也。六十者三豆^③，七十者四豆，八十者五豆，九十者六豆，所以明养老也。民知尊长养老，而后乃能入孝弟^④。民入孝弟，出尊长养老，而后成教；成教而后国可安也。君子之所谓孝者，非家至而日见之也；合诸乡射⑤，教之乡饮酒之礼，而孝弟之行立矣。孔子曰："吾观于乡而知王道之易易也⑥。"（《礼记·乡饮酒义》）

【注释】

①乡饮酒之礼：此处所说乡饮酒之礼，指"正齿位之礼"，宾、介皆为年老者。

②立侍：站立侍奉。以听政役：孔疏："所以立于阶下，示其听受六十以上政事役使也。"

③豆：古代盛肉或其他食品的器皿，形状像高脚盘。

④孝弟：孝顺父母，敬爱兄长。

⑤乡射：指乡射礼，古代射箭饮酒的礼仪。

⑥吾观于乡而知王道之易易也：孔疏："言我观看乡饮酒之礼，有尊贤尚齿之法，则知王者教化之道，其事甚易。""而云'易易'者，取其简易之义，故重言易易。"

饮酒尊礼有节制

在源远流长的中华酒文化长河中，周朝时期的先人们已精心制定了一系列饮酒礼仪。于周初之时，饮酒绝非率性而为，它被庄严地嵌于冠礼、婚礼、丧礼、祭礼及庆功等重大仪式之中，逾越此规便被视为对礼仪的亵渎与不敬。席间，遵循酒官之命尤为重要，对酒官指令的违背同样会构成失礼。

周代人视酒为礼仪之媒介，他们强调饮酒应节制而适度，严禁沉溺于无度的狂饮之中。古语有云："酒以成礼，不继以淫，义也。"其中，"淫"即指放纵无度，故饮酒之时应严守规定的量。孔子亦认为，饮酒之际保持礼仪乃君子风范的体现。于是，他提出了"唯酒无量，不及乱"的睿智观点。此处，孔子并非否定饮酒行为，而是倡导根据各自酒量而行，如此既能达到日常难觅的轻松愉悦之境，又不失品行与修养。

夫豢豕为酒^①，非以为祸也，而狱讼益繁^②，则酒之流生祸也^③。是故先王因为酒礼，壹献之礼^④，宾、主百拜^⑤，终日饮酒而不得醉焉，此先王之所以备酒祸也。故酒食者所以合欢也^⑥；乐者所以象德也^⑦，礼者所以缀淫也^⑧。

是故先王有大事，必有礼以哀之；有大福^⑨，必有礼以乐之。哀乐之分，皆以礼终。乐也者，圣人之所乐也，而可以善民心，其感人深，其移风易俗^⑩，故先王著其教焉^⑪。（《礼记·乐记》）

【注释】

①豢（huàn）：设围栏以谷物养猪。

②狱讼：讼事；讼案。

③流：放纵无度。

④壹献之礼：即一献之礼。主人向宾献酒，宾饮后回敬主人，主人饮后再自酌自饮，然后再斟酒劝宾饮，宾接过酒杯后不再饮酒。

⑤百拜：泛指宾、主彼此跪拜多次。

⑥合欢：联欢；和合欢乐。

⑦象德：象征德行。

⑧缀：通"辍"，止。

⑨大福：喜幸之事。

⑩移风易俗：转移风气，改变习俗。

⑪著：犹立，谓立司乐以下使教国子（贵族子弟）。

燕侍食于君子，则先饭而后已，毋放饭①，毋流歠②，小饭而亟之③。数噍④，毋为口容⑤。客自彻⑥，辞焉则止。

客爵居左，其饮居右⑦。介爵⑧、酢爵⑨、僎爵皆居右⑩。羞濡鱼者进尾⑪，冬右腴⑫，夏右鳍⑬，祭膴⑭。凡齐⑮，执之以右，居之于左。赞币自左⑯，诏辞自右⑰。酌尸之仆，如君之仆。其在车，则左执辔⑱，右受爵，祭左右轨⑲、范⑳，乃饮。

凡羞有俎者，则于俎内祭。

君子不食圂腴㉑。

小子走而不趋，举爵则坐，立饮。凡洗必盥。牛羊之肺，离而不提心㉒。凡羞有湆者㉓，不以齐。

为君子择葱薤㉔，则绝其本末。

羞首者，进喙，祭耳。(《礼记·少仪》)

【注释】

①放饭：大口吃饭，当时是没有礼貌的行为。

②流歠（chuò）：一口气喝下去。歠，通"啜"。

③亟（jí）：快速；迅速。

④噍（jiào）：同"嚼"。吃东西。

⑤口容：满嘴都是饭。

⑥自彻：这里指自撤其俎。

⑦其饮居右：是指行旅酬礼时执事者向宾进的酒应该放的位置。

⑧介爵：古代酒器名，供辅宾者饮用。

⑨酢（zuò）爵：这里指古时客人用以回敬主人的酒具。

⑩僎：通"遵"，遵者，这里是指助主人以待宾客者。

⑪羞濡鱼者进尾：进鱼的时候要使鱼尾朝前，这样方便从后向前进食鱼肉。

⑫腴（yú）：腹下的肉。《礼记·少仪》云："君子不食圂腴。"

⑬鳍（qí）：鱼鳍。

⑭膴（hū）：大块鱼、肉。

⑮齐：这里指调和食物的滋味。

⑯赞币：古礼，祭祀时，大夫帮助国君拿币，供君取以祭神。

⑰诏辞：传达君主的辞命。

⑱执辔（pèi）：手持马缰驾车。

⑲轨：这里指车轴头。

⑳范：即机，是车轼前的掩板。

㉑圂（hùn）腴：猪狗的内脏。

㉒离：割，特指食肺的一种切割方式。

㉓湆（qì）：指不加菜和盐、梅等佐料的肉汁，又叫大羹，礼文中称"大羹湆"。

㉔薤（xiè）：这里指一种蔬菜类植物，百合科，多年生草本，鳞茎作蔬菜，又称藠头。

尊者以酌者之左为上尊。尊壶者面其鼻。饮酒者、襎者、醮者①，有折俎不坐②。未步爵③，不尝羞。

牛与羊、鱼之腥，聂而切之为脍④。麋、鹿为菹⑤，野豕为轩，皆聂而不切。麕为辟鸡⑥，兔为宛脾⑦，皆聂而切之。切葱若薤，实之醯以柔之。其有折俎者，取祭肺，反之，不坐。燔亦如之⑧。尸则坐。

衣服在躬，而不知其名为罔⑨。

其未有烛，而有后至者，则以在者告。道瞽亦然。凡饮酒，为献主者⑩，执烛抱燋⑪，客作而辞，然后以授人。执烛，不让！不辞！不歌。

洗、盥、执食饮者勿气。有问焉，则辟咡而对⑫。

为人祭曰"致福"，为己祭而致膳于君子曰"膳"。衲⑬、练曰"告"⑭。凡膳、告于君子，主人展之⑮，以授使者于阼阶之南⑯，南面，再拜稽首送；反命，主人又再拜稽首。其礼，大牢则以牛左肩、臂、臑、折九个，少牢则以羊左肩七个，特豕则以豕左肩五个。

国家靡敝⑰，则车不雕幾⑱，甲不组縢⑲，食器不刻镂⑳，君子不履丝屦㉑，马不常秣㉒。（《礼记·少仪》）

【注释】

①饮酒：指私下饮宴。禊（jì）：沐后饮酒。醮（jiào）：冠礼中加冠者所饮之酒。

②折俎：即按照牲体的骨节拆解成块，盛放于俎上。"折俎"是尊贵的礼食，所以折俎未撤就不能坐饮，只有撤俎后才能坐饮。

③步爵：行爵。宴会时先完成祭祀礼仪，象征性地吃食饮酒。旅酬礼后，宾、主才开始不计杯数畅饮，这叫作"无算爵"。

④聂而切之为脍：切成薄片，再细切为脍。

⑤菹（zū）：肉酱。

⑥辟鸡：肉酱。

⑦宛脾：兔肉酱。

⑧燔（fán）：烤肉使熟。

⑨衣服在躬，而不知其名为罔：衣服穿在身上而不知所穿衣服的名义，就是无知。罔，无知。

⑩献主：即主人。因为主人献酒于宾，故称"献主"。

⑪抱燋（jiāo）：执持燋炬。燋，未点燃的火把。

⑫咡（èr）：口旁，两耳之间。

⑬祔（fù）：祭名，原指古代帝王在宗庙内将后死者神位附于先祖旁而祭祀。

⑭练：古代亲丧一周年的祭礼，又称"小祥"。

⑮展：省视。

⑯阼阶：东阶。

⑰靡敝（mí bì）：侈靡而导致财物凋敝。

⑱雕几：刻绘文采之几，诸侯祭祀时设。

⑲縢（téng）：纱带，系衣带。

⑳刻镂（lòu）：雕刻。

㉑屦（jù）：鞋子。

㉒秣（mò）：牲口的饲料。

君若赐之爵，则越席再拜稽首受①，登席祭之②；饮，卒爵而俟，君卒爵③，然后授虚爵。君子之饮酒也，受一爵而色洒如也④，二爵而言言斯⑤，礼已三爵，而油油以退⑥。退则坐取屦，隐辟而后屦⑦，坐左纳右⑧，坐右纳左。

凡尊必上玄酒。唯君面尊。唯飨野人皆酒⑨。大夫侧尊用棜⑩；士侧尊，用禁。（《礼记·玉藻》）

【注释】

①越席：起座，离席。

②登席：登上坐席或筵席。

③卒爵：干杯。

④洒（xiǎn）：肃敬貌。

⑤言言（yín）斯：郑注："言言，和敬貌。斯，犹耳也。"言言，即"訚訚"；斯，语气助词。

⑥已：止。

⑦隐辟：屏退在一边。

⑧坐左纳右：跪左腿穿右脚的鞋。

⑨飨（xiǎng）：用酒食招待客人，泛指请人受用。

⑩侧尊：尊于旁侧。梬（yù）：古代祭祀时放兽、馔或酒樽的长方形木盘，似案，无足。

作为礼仪环节的漱口

在现代，漱口已然成为维护口腔清洁的普遍习惯。然而，追溯至遥远的周代，漱口的意义远超日常卫生之需，它更融入了丰富的礼仪元素。彼时，人们精心研制出一种特制的漱口液体——"浆"，以之作为漱口的专用媒介。关于漱口的时机与方式，皆遵循着一套严谨而细致的礼仪规范，彰显着古人的雅致与讲究。

漱口作为一项礼仪活动，承载着深厚的仪式感。主人会在宴席开始之前，庄重地向宾客发出漱口的邀请，宾客们亦会与主人共同参与这一仪式。为了表达这一行为的雅致，古人甚至创造了一个专门的字眼——"醋（yìn）"。在新婚之际，新郎与新娘亦需遵循此礼，漱口因此成为了婚礼中不可或缺的一环。这样的漱口习俗，逐渐从宫廷礼仪走入寻常百姓家，自然而然地转化为一种促进健康的日常行为。

宾北面自间坐①，左拥簠粱②，右执湆，以降。公辞。宾西面坐奠于阶西，东面对，西面坐取之；栗阶升，北面反奠于其所；降辞公。公许，宾升，公揖退于箱③。摈者退，负东塾而立。宾坐，遂卷加席，公不辞。宾三饭以湆酱④。宰夫执觯浆饮与其丰以进⑤。宾挩手⑥，兴受。宰夫设其丰于稻西。庭实设。宾坐祭，遂饮，奠于丰上。（《仪礼·公食大夫礼》）

【注释】

①自间坐：坐于正馔与加馔之间。

②簠粱（fǔ liáng）：盛在簠中的饭食。

③揖：拱手行礼。箱：夹室。

④三饭：三次举饭而食。以湆酱：每饭饮两次羹汁，用菜肴拌酱。

⑤宰夫执觯浆饮与其丰以进：此句意为进浆饮供宾漱口。觯（zhì），古代酒器，青铜制，形似尊而小，或有盖。

⑥挩（shuì）：擦拭。

妇至，主人揖妇以入。乃寝门，揖入，升自西阶^①，媵布席于奥^②。夫人于室，即席，妇尊西，南面。媵御沃盥交^③。赞者彻尊幂^④。举者盥^⑤，出，除幂，举鼎入，陈于阼阶南，西面，北上。匕俎从设^⑥，北面载^⑦，执而俟^⑧。匕者逆退^⑨，复位于门东，北面，西上。赞者设酱于席前，菹醢在其北。俎入，设于豆东^⑩。鱼次^⑪。腊特于俎北。赞设黍于酱东，稷在其东。设湇于酱南^⑫。设对酱于东^⑬，菹醢在其南，北上^⑭。设黍于腊北，其西稷^⑮。设湇于酱北。御布对席^⑯，赞启会，却于敦南^⑰，对敦于北。赞告具。揖妇，即对筵，皆坐。皆祭，祭荐、黍、稷、肺^⑱。赞尔黍^⑲，授肺脊^⑳，皆食，以湇酱^㉑，皆祭举、食举也^㉒。三饭，卒食^㉓。赞洗爵，酌酳主人^㉔，主人拜受，赞户内北面答拜。酳妇亦如之。皆祭。赞以肝从^㉕，皆振祭^㉖。哜肝^㉗，皆实于菹豆。卒爵，皆拜。赞答拜，受爵，再酳如初，无从，三酳用卺，亦如之。赞洗爵，酌于户外尊，入户，西北面奠爵，拜。皆答拜。坐祭，卒爵，拜。皆答拜。兴。主人出，妇复位^㉘。乃彻于房中，如设于用室，尊否^㉙。主人说服于房，媵受；妇说服于室^㉚，御受。姆授巾^㉛。御衽于奥^㉜，媵衽良席在东^㉝，皆有枕，北止。主人入，亲说妇之缨^㉞。烛出。媵馂主人之馂^㉟，御馂妇馂，赞酌外尊酳之。媵侍于户外，呼则闻。（《仪礼·士昏礼》）

【注释】

①升自西阶：夫升自西阶，有导引妇行进之意。

②媵（yìng）：古时婚配，女方以侄（兄弟之女）娣（妹妹）随嫁，媵即指随嫁者。奥：室内西南角。

③御：夫之女侍。沃盥：用水浇手而洗。沃盥交是妇在北面的洗洗手，御为之执匜浇水，夫在南面的洗洗手，媵为之执匜浇水。

④尊幂：覆盖在瓦上的粗葛布。

⑤举者盥：举鼎者所盥之洗在阼阶东南，即南洗。

⑥匕（bǐ）：取食器名，状略如今之汤匙而硕大，从鼎中取肉盛于俎时所用。

⑦北面载：每鼎两人抬之，左右各一，即所谓左人、右人。左人在俎南，面朝北，准备载牲俎；右人在鼎东，面朝西，用匕取牲加于俎上。

⑧执而俟：左人执俎等候，让豆先设。

⑨匕者：右人。逆退：为方便见，后入者先退，先入者后退。其顺序正好与进入时相反，故称"逆"。

⑩豆：此指菹醢之豆。

⑪次：下、后。

⑫湆：即大羹湆。

⑬对酱：为妇而设的酱，在夫馔之东稍北。夫在西，妇在东，故言"对"。

⑭北上：食物依尊卑之序由北向南陈设，以北为首。此指妇席，夫席则以南为尊。

⑮其：指上文的黍。

⑯对席：指妇席，因与夫席南北相对，故名。

⑰却：仰。仰置于地。

⑱荐：即菹醢。肺：指祭肺。

⑲赞尔黍：赞者将黍移至席上，为便其取用。尔，移也。

⑳肺：指举肺。

㉑以湆酱：郑玄注云："谓用口啜湆，用指吃酱的声音。"

㉒举：指肺、脊，因其先食举之，故名。

㉓"三饭"二句：此非正式用餐，而只是表示夫妇相亲，故三饭而礼成。三饭，吃三口黍。卒食，食礼已成。

㉔醋（yìn）：漱也。借以洁口，且安其所食。

㉕以肝从：以肝随酒进之。肝，肝炙，即在火上烤熟的肝；从，随。

㉖振祭：古时食前祭法之一，将肝放在盐中，再震落多余的盐，祭之。

㉗哜（jì）：尝。

㉘复位：回复到尊西南面之位，即妇入室时所立之位。

㉙尊否：郑玄注云："彻尊不设，有外尊也。"

㉚说服：脱去礼服。说，通"脱"。

㉛巾：指帨巾。

㉜衽（rèn）：卧席，此作动词用。

㉝良：郑玄注云："妇人称夫曰良。"

㉞说妇之缨：古时妇女十五岁许嫁，行笄礼后着以缨饰，表示已有所系属。

㉟馂（jùn）：本义为余食，此作使动用，吃余食。

赏赐鼓舞的将士宴飨

劳飨将帅的赐宴奖赏

在汉代，君王与将帅之间的盛宴不仅承载着礼仪和享乐的元素，更蕴含着两大深远的意义：一是作为对军队取得显赫战功时的奖赏，二是作为对将领及地方贵族进行拉拢与控制的策略。这双重目的在国家初创之时及战争频发之际显得尤为关键。

宴飨中的赐宴仪式，使得军中将士在为国家披荆斩棘、浴血奋战之后，不仅能获得地位、荣誉与财富的嘉奖，更能沐浴在至高无上的荣耀之中，此举无疑是增强军队凝聚力与士气的有效途径。《汉书》与《后汉书》中便多次记载了战胜之后，君王如何设宴款待功臣，并在欢庆的氛围中对将帅进行封赏与褒扬。特别是在战火纷飞的东汉时期，此类盛事更是屡见不鲜。据《后汉书·光武帝纪》所载，建武六年二月与十三年夏四月，大司马吴汉凯旋后，均受到了皇帝的赐宴奖

赏与功勋表彰。这种殊荣无疑是对将士们在战场上驰
骋奋战、舍生忘死的认可。

六年春正月丙辰①，改春陵乡为章陵县。世世复徭役②，比
丰、沛③，无有所豫。

辛酉④，诏曰："往岁水旱蝗虫为灾⑤，谷价腾跃⑥，人用困
乏⑦。朕惟百姓无以自赡⑧，恻然愍之⑨。其命郡国有谷者⑩，给
禀高年、鳏、寡⑪、孤、独及笃癃⑫、无家属贫不能自存者，如律。
二千石勉加循抚⑬，无令失职。"

扬武将军马成等拔舒⑭，获李宪。

二月，大司马吴汉拔朐，获董宪、庞萌，山东悉平。诸将
还京师，置酒赏赐。(《后汉书·光武帝纪下》)

【注释】

①丙辰：指丙辰日。

②世世：累世；代代。徭（yáo）役：古代官方规定的平民
（主要是农民）成年男子在一定时期内或特殊情况下所承担的一
定数量的无偿社会劳动。一般有力役、军役和杂役。

③丰、沛：汉高帝刘邦家乡丰邑和沛县。

④辛酉：指辛酉日。

⑤往岁：往年。水旱：大水和干旱。

⑥腾跃：指物价上涨。

⑦人用困乏：衣食困难。

⑧自赡：供养自己的生活。

⑨恻然：哀怜貌；悲伤貌。愍（mǐn）：同"悯"。

⑩郡国：郡和国的并称。汉初，兼采封建及郡县之制，分天下为郡与国。

⑪高年：上了年纪的人。鳏（guān）：无妻或丧妻的男人。寡（guǎ）：寡妇，丈夫死去后还未再嫁的女人。

⑫癃（lóng）：指年老衰弱多病。

⑬循抚：安抚。

⑭拔舒：攻占了舒县。

夏四月，大司马吴汉自蜀还京师，于是大飨将士①，班劳策勋②。功臣增邑更封③，凡三百六十五人。其外戚恩泽封者四十五人④。罢左右将军官。建威大将军耿弇罢。

益州传送公孙述瞽师⑤、郊庙乐器、葆车⑥、舆辇⑦，于是法物始备。时兵革既息⑧，天下少事，文书调役⑨，务从简寡，至乃十存一焉。（《后汉书·光武帝纪下》）

【注释】

①大飨（xiǎng）将士：以酒食慰劳将士。

②班劳：犒劳。策勋：记功勋于策书之上。

③增邑：增加食邑。

④外戚（qī）：指帝王的母亲和后妃的亲族。恩泽：指恩惠赏赐。

⑤瞽（gǔ）师：古指盲乐师。

⑥葆（bǎo）车：是指用五彩鸟羽装饰车盖的车。

⑦舆辇（yú niǎn）：车驾。多指天子所乘。

⑧兵革既息：战争已经平息了。

⑨调役：赋税和徭役。

八年春，歙与征虏将军祭遵袭略阳①，遵道病还，分遣精兵随歙，合二千余人，伐山开道，从番须、回中径至略阳，斩嚣守将金梁②，因保其城。嚣大惊曰："何其神也！"乃悉兵数万人围略阳，斩山筑堤，激水灌城。歙与将士固死坚守，矢尽③，乃发屋断木以为兵。嚣尽锐攻之，自春至秋，其士卒疲弊④。帝乃大发关东兵，自将上陇，嚣众溃走⑤，围解。于是置酒高会⑥，劳赐歙，班坐绝席，在诸将之右，赐歙妻缣千匹⑦。诏使留屯长安，悉监护诸将。（《后汉书·李王邓来列传》）

【注释】

①歙：来歙，字君叔，南阳新野（今河南新野南）人，东汉名将、战略家。祭遵：字弟孙，颍川颍阳（今河南襄城县颍阳镇）人。

②嚣：即隗（wěi）嚣，字季孟，天水成纪（今甘肃省秦安县）人。新朝末年地方割据军阀。

③矢：箭。

④疲弊：疲劳不堪。

⑤溃走：败逃。

⑥高会：盛大宴会。

⑦缣：双丝的细绢。

笼络人心的置酒宴见

在汉代，帝王对将士的宴赏不仅仅是对英勇行为的奖赏，更深层次地，它成为了一种巧妙的政治策略。通过丰盛的酒宴和隆重的仪式，君王不仅展现了对统军将领的赏识和宠信，同时也巧妙地实现了对其权力的拉拢与控制。历史上不乏这样的例子，在君王收回兵权的关键时期，常常以丰厚的赏赐和豪华的筵席来安抚这些手握重兵的将领，这种手法被形象地称为"杯酒释兵权"。

特别是在光武帝的治理之下，那些曾一度握有军权的将领纷纷被调往边疆，任职于各地。这些将领也表现出了极高的政治智慧，懂得何时该进，何时该退。《后汉书·冯岑贾列传》记载，如冯异、贾复等一众开国功臣，他们并未因自己的功绩而骄纵自满，反而是一个接一个地主动交出手中的兵权。作为回应，光武帝也对这些功臣礼遇有加，除了赐予他们珍贵的宝物之外，还特意设宴以示安抚和笼络。

由此可见，国家大宴的功能远超饮食的简单享受，它在国家的政治生活中占据了举足轻重的地位。通过这样的宴会，不仅加强了中央与地方的联系，更加深了君主与臣子之间的信任与依赖，展现了古代中国深邃的政治智慧和文化内涵。

六年春，异朝京师①。引见，帝谓公卿曰："是我起兵时主簿也。为吾披荆棘，定关中。"既罢，使中黄门赐以珍宝、衣服、钱帛。诏曰："仓卒无蒌亭豆粥，滹沱河麦饭，厚意久不报。"异稽首谢曰②："臣闻管仲谓桓公曰：'愿君无忘射钩③，臣无忘槛车④。'齐国赖之。臣今亦愿国家无忘河北之难，小臣不敢忘巾车之恩⑤。"后数引宴见⑥，定议图蜀，留十余日，令异妻子随异还西。（《后汉书·冯岑贾列传》）

【注释】

①异：冯异，字公孙，汉族，颍川父城（今河南省宝丰县东）人。朝：朝见。

②稽首：古时的一种跪拜礼，叩头至地，是九拜中最恭敬的。

③射钩：指管仲射齐桓公事。

④槛车：囚车。

⑤巾车：刘秀与冯异君臣相遇，使得巾车作为地名广为人知。

⑥宴（yàn）：宴饮。

六年冬，征彭诣京师[1]，数召宴见，厚加赏赐[2]。复南还津乡，有诏过家上冢，大长秋以朔望问太夫人起居[3]。（《后汉书·冯岑贾列传》）

【注释】

①彭：岑彭，字君然，南阳棘阳（今河南省新野县）人，东汉开国名将、军事家，列云台二十八将第六位。

②厚加赏赐：大加赏赐。

③朔望：农历每月的初一和十五，即朔日和望日。

与民同乐的汉代赐酺

国事庆典的普惠盛宴

在古代宫廷的盛宴中，我们通常目睹的是君臣之间的宴饮。然而，汉代独有的"赐酺"则展现了一种更为普遍的恩惠，这是皇帝向百姓赐予的宴会，旨在将皇家的恩泽普及天下，与民共享喜悦的官方盛事。汉代的"赐酺"源于周代的祭酺传统，两者皆强调构建长幼、尊卑之间的社会秩序。因此，赐酺不仅让百姓得以共享天籁之音，更承担了以礼治国、以礼教化民众的重要角色。

汉代的赐酺常与国家重大事件紧密相关，形成了"因事赐酺，吏民会饮"的传统。这种赐酺通常出现在两类场合：一是帝王宫廷的重大事件，另一则是祥瑞之兆的出现。《史记·孝文本纪》记载，帝王登基后，为了与民同乐，通常会大赦天下，并举行为期五日的赐酺。有些皇帝即位时尚未成年，如昭帝八岁即位由霍光辅政，和帝十岁登基由窦太后临朝，待到他们成年亲政之时，便会举行帝加元服赐酺的仪式。至于招纳四夷的赐酺，在汉宣帝时期亦有发生，当时匈奴来降，宣帝便下令举行五日的大酺以示庆祝。

代王曰①："宗室将相王列侯以为莫宜寡人②，寡人不敢辞。"遂即天子位。

群臣以礼次侍。乃使太仆婴与东牟侯兴居清宫③，奉天子法驾④，迎于代邸⑤。皇帝即日夕入未央宫⑥。乃夜拜宋昌为卫将军，镇抚南北军⑦。以张武为郎中令，行殿中。还坐前殿⑧。于是夜下诏书曰："闲者诸吕用事擅权⑨，谋为大逆⑩，欲以危刘氏宗庙⑪，赖将相列侯宗室大臣诛之，皆伏其辜。朕初即位，其赦天下⑫，赐民爵一级，女子百户牛酒，酺五日⑬。"（《史记·孝文本纪》）

【注释】

①代王：汉高帝刘邦之子刘恒封代王，陈平、周勃等诛诸吕，废少帝，迎立代王，是为文帝。

②宗室：同一宗族的贵族，指国君或皇帝的宗族。

③太仆（tài pú）：官名。周官有太仆，掌正王之服位，出入王命，为王左驭而前驱。秦汉沿置，为九卿之一，为天子执御，掌舆马畜牧之事。

④法驾：天子车驾的一种。天子的卤簿分大驾、法驾、小驾三种，其仪卫之繁简各有不同。

⑤代邸（dǐ）：汉高帝刘邦之子刘恒封代王，所居曰代邸。后因以"代邸"指入嗣帝位的藩王的旧邸。

⑥未央宫：宫殿名。

⑦镇抚（fǔ）：镇守和安抚。

⑧前殿：正殿。

⑨诸吕：指汉代吕后的亲信吕产、吕禄等。擅权：独揽权力；专权。

⑩大逆：封建时代称危害君父、宗庙、宫阙等罪行为"大逆"，为"十恶"之一。

⑪宗庙：王室国家的代称。

⑫赦（shè）：宽免罪过。

⑬酺（pú）：欢聚饮酒。国有喜庆，特赐臣民聚会饮酒。《说文》云："酺，王德布大饮酒。"

三年春正月甲子，皇帝加元服①，赐诸侯王、公、将军、特进②、中二千石、列侯、宗室子孙在京师奉朝请者黄金，将、大夫、郎吏③、从官帛④。赐民爵及粟帛各有差，大酺五日⑤。郡国中都官系囚死罪赎缣⑥，至司寇及亡命⑦，各有差。庚辰，赐京师民酺，布两户共一匹。（《后汉书·孝和孝殇帝纪》）

【注释】

①元服：指冠。古称行冠礼为加元服。

②特进：官名。始设于西汉末。授予列侯中有特殊地位的人，

位在三公下。东汉至南北朝仅为加官，无实职。

③郎吏：郎官。

④从官：含义有属官，君王的随从、近臣等意思。

⑤大酺：大宴饮。

⑥赎缣（shú jiān）：古代赎罪用的细绢。

⑦司寇：古代官名。古代中央政府中掌管司法和纠察的长官。亡命：削除户籍而逃亡在外。

四年春正月丁亥，帝加元服，见于高庙①。赐诸侯王、丞相、大将军、列侯、宗室下至吏民金帛牛酒各有差②。赐中二千石以下及天下民爵。毋收四年、五年口赋③。三年以前逋更赋未入者，皆勿收。令天下酺五日。（《汉书·昭帝纪》）

【注释】

①高庙：宗庙。

②吏民：官吏与庶民。金帛：黄金和丝绸。泛指钱物。

③口赋：秦汉时政府征收的一种人口税。

秋，罢西南夷①，城朔方城。令民大酺五日。（《汉书·武帝纪》）

【注释】

①西南夷：汉时对分布在今甘肃南部，四川西部、南部和云南、贵州一带的少数民族的总称。

三月，行幸河东①，祠后土。诏曰："往者匈奴数为边寇，百姓被其害。朕承至尊，未能绥定匈奴②。虚闾权渠单于请求和亲③，病死。右贤王屠耆堂代立④。骨肉大臣立虚闾权渠单于子为呼韩邪单于，击杀屠耆堂。诸王并自立，分为五单于，更相攻击，死者以万数，畜产大耗什八九⑤，人民饥饿，相燔烧以求食⑥，因大乖乱⑦。单于阏氏子孙昆弟及呼鸥累单于、名王、右伊秩訾、且渠、当户以下将众五万余人来降归义⑧。单于称臣，使弟奉珍朝贺正月⑨，北边晏然⑩，靡有兵革之事。朕饬躬齐戒⑪，郊上帝，祠后土，神光并见，或兴于谷，烛耀齐宫，十有余刻。甘露降，神爵集⑫。已诏有司告祠上帝、宗庙。三月辛丑，鸾凤又集长乐宫东阙中树上⑬，飞下止地，文章五色，留十余刻，吏民并观。朕之不敏⑭，惧不能任，娄蒙嘉瑞，获兹祉福。书不云乎？'虽休勿休，祗事不怠⑮。'公卿大夫其勖焉⑯。减天下口钱。赦殊死以下⑰。赐民爵一级，女子百户牛酒。大酺五日。加赐鳏寡孤独高年帛。"（《汉书·宣帝纪》）

【注释】

①行幸：古代专指皇帝出行。河东：古地区名，黄河流经山西、陕西两省，自北而南的一段之东部，指今之山西省，秦汉时置河东郡。

②绥（suí）定：安抚平定。

③单于（chán yú）：汉时匈奴人对其君主的称呼，后泛指外

族首领。

④代立：继立。立，通"位"。

⑤畜产：畜产品的总称。

⑥燔（fán）：烤肉使熟。

⑦乖乱：变乱；动乱。

⑧归义：归附正义。

⑨朝（cháo）贺：朝觐庆贺。

⑩晏（yàn）然：安宁；安定。

⑪饬躬（chì gōng）：犹饬身，警饬己身，使自己的思想言行谨严合礼。

⑫神爵：即神雀。瑞鸟。

⑬鸾（luán）凤：指鸾鸟和凤凰。古代传说中的神鸟。长乐宫：西汉高帝时，就秦兴乐宫改建而成。为西汉主要宫殿之一。汉初皇帝在此视朝。

⑭不敏：犹不才；不明达；不敏捷。这里是自谦。

⑮祗事：敬业尽职。

⑯勖（xù）：勉力；勉励。

⑰殊死：古时指斩首的死刑。

祥瑞天降的共饮同庆

中国古代遇祥瑞降世，辄行大赦，广赐财物，更特赐醑饮。因祥瑞赐醑，非仅饮食之乐，实为文化之韵，彰显古代饮食文化与治国理念的深度融合。《礼记·中庸》中记载："国家将兴，必有祯祥。"在古代社会，祥瑞之兆的出现被视为国泰民安、四海升平、天下归心的象征，乃至被认为是明君统治的证明。《春秋》《史记》《汉书》等古籍中，均有多次关于祥瑞出现的记载。特别是在汉代，甚至会因祥瑞之兆的出现而更改年号。汉代帝王在祥瑞出现时，也会大赦天下，赐予百姓财物和赐醑，这种行为既具有普天同庆的意味，同时也是一种政治功能。

根据汉代史书所记，汉代有三次较为著名的因祥瑞赐醑的事件。一是《史记》所记载的文帝十七年，获得了一个玉杯，上面刻有"人主延寿"，于是赐醑并开始改为元年；二是《汉书》所记载的武帝元鼎元年，在汾水上得到宝鼎，于是赐醑、改元、赦免天下；三是《后汉书》所记载的章帝元和二年，凤凰、黄龙、鸾鸟等祥瑞一再出现，章帝赐予爵位、赐予钱帛、赐予百户牛酒。特赐醑饮，此举深意，既寓普天同乐之欢，亦含治国安邦之略。

十七年，得玉杯①，刻曰"人主延寿②"。于是天子始更为元年③，令天下大醑。其岁，新垣平事觉，夷三族。(《史记·孝文

本纪》)

【注释】

①玉杯：亦作"玉桮"，玉制的杯或杯的美称。

②人主：一国之主，即帝王。延寿：长寿；延年。

③元年：一般指帝王即位的第一年，这里是指获得祥瑞征兆后，文帝将这一年改为元年。

　　其明年，新垣平使人持玉杯，上书阙下献之①。平言上曰："阙下有宝玉气来者。"已视之，果有献玉杯者，刻曰"人主延寿"。平又言"臣候日再中"。居顷之，日却复中。于是始更以十七年为元年，令天下大酺。(《史记·封禅书》)

【注释】

①阙下：宫阙之下，借指帝王所居的宫廷。

　　元鼎元年夏五月，赦天下，大酺五日。
　　得鼎汾水上①。(《汉书·武帝纪》)

【注释】

①鼎：盛行于商、周，用于煮盛物品，或置于宗庙作铭功记绩的礼器。这里在汾水出现鼎是具有祥瑞的意味。

　　五月戊申，诏曰："乃者凤皇①、黄龙②、鸾鸟比集七郡③，或一郡再见，及白乌④、神雀⑤、甘露屡臻⑥。祖宗旧事，或班恩施^⑦。其赐天下吏爵，人三级；高年、鳏、寡、孤、独帛，人一匹。经曰：'无侮鳏寡，惠此茕独^⑧。'加赐河南女子百户牛酒，令天下大酺五日。赐公卿已下钱帛各有差；及洛阳人当酺者布，户一匹，城外三户共一匹。赐博士员弟子见在太学者布，人三匹。令郡国上明经者，口十万以上五人，不满十万三人。"（《后汉书·肃宗孝章帝纪》）

【注释】

①凤皇：凤凰，古代传说中的百鸟之王。此时出现凤凰被看作是吉祥之兆。

②黄龙：古代传说中的动物名，这里以为是帝王之瑞征。

③鸾鸟：指传说中的神鸟、瑞鸟。

④白乌：白羽之乌，古时以为瑞物。

⑤神雀：瑞鸟，谓凤。

⑥臻（zhēn）：到；来到。

⑦恩施：施恩；恩赐。

⑧茕（qióng）独：孤独无依的人。

典籍实物与历史的味道

青铜陶器中的饮食文化

器物世界的饮食器具

青铜器分为食器、酒器、乐器、兵器、杂器等。食器、酒器一般称为礼器，也是贵族身份的象征。因此，考古发掘往往在王室、重臣的陵墓或遗址中发现这些珍贵的青铜器。特别是在周代，一个强调礼仪的时代，青铜礼器上常铭刻着文字，不仅标示着主人的身份，更颂扬其功绩与荣耀。在先秦时期，青铜器与陶器并存，共同构成了人们饮食生活的器具。

在炊具的丰富种类中，我们可以从现今出土的文物中窥见一二。常见的炊具有鼎、鬲、镬，它们多用于煮炖食物；而甗、甑、釜则主要用于蒸制食物。值得一提的是，1976 年河南安阳出土的巨型炊器——青铜三联甗，是目前已知最大的蒸食器之一，其内壁刻有"妇好"二字，见证了历史。

除了炊具之外，盛食器具也是饮食文化不可或缺的一部分。先秦时期的盛食器具大致可分为四类：箸筷、勺子以及分别用于盛放谷物类饭食和肉食、蔬菜的器具。盛饭类的器具包括簋、盨、敦等；而盛菜类的则有豆、笾、俎等。这些饮食器具不仅是调制饮食的工具，更是人类饮食文化的鲜明印记和历史的见证，它们帮助我们更深入地理解和欣赏中华文明的历史深度。

主人朝服，即位于阼阶东①，西面②。司宫筵于奥③，祝设几于筵上，右之。主人出迎鼎，除鼏④。士盥⑤，举鼎，主人先入。司宫取二勺于篚洗之⑥，兼执以升，乃启二尊之盖幂⑦，奠于楖上⑧。加二勺于二尊，覆之，南柄。鼎序入。雍正执一匕以从⑨，雍府执四匕以从⑩，司士合执二俎以从⑪。司士赞者二人，皆合执二俎以相从入。陈鼎于东方，当序南，于洗西，皆西面，北上，肤为下。匕皆加于鼎。东枋⑫。俎皆设于鼎西，西肆。肵俎在羊俎之北⑬，亦西肆。宗人遣宾就主人。皆盥于洗。长枃⑭。佐食上利升牢心舌，载于肵俎。心皆安下切上，午割勿没，其载于肵俎，末在上。

舌皆切本末，亦午割勿没⑮，其载于肵俎，横之。皆如初为之于爨也⑯。佐食迁肵俎于阼阶西，西缩，乃反。佐食二人。上利升羊载右胖，髀不升，肩，臂，臑⑰，肫⑱，骼；正脊一，脡脊一⑲，横脊一，短胁一⑳，正胁一，代胁一，皆二以并；肠三，胃三，长皆及俎拒^㉑；举肺一，长终肺；祭肺三，皆切。肩、臂、臑、肫、骼在两端，脊、胁、肺，肩在上。下利升豕，其载如羊，无肠胃。体其载于俎，皆进下^㉒。司士三人升鱼、腊、肤。鱼用鲋^㉓，十有五而俎，缩载，右首，进腴。腊一纯而俎，亦进下，肩在上。肤九而俎，亦横载，革顺。（《仪礼·少牢馈食礼》）

【注释】

①阼（zuò）：大堂前东面的台阶。《论语》云："乡人傩，朝服而立于阼阶。"

②西面：面朝西。

③司宫：官名，主管宫内之事。筵（yán）：铺设宴席。奥：古时指房屋的西南角。古时祭祀设神主或尊者居坐之处。

④鼏（mì）：鼎盖。《仪礼·士丧礼》云："右人左执匕，抽扃予左手兼执之，取鼏委于鼎北，加扃不坐。"

⑤士：亦主人之有司。盥（guàn）：洗手。《左传·僖公二十三年》云："奉匜沃盥。"

⑥篚（fěi）：圆形的盛物竹器。《仪礼·士冠礼》云："洗有篚。"

⑦二尊：即设于房户之间的两甒。甒指古代盛酒的有盖的瓦器。

⑧棜（yù）：古代祭祀时用来置放酒杯的承盘。长方形，似案，无足。

⑨雍正：雍人之长，古代宫中掌筵席的长官。

⑩雍府：雍正的副官。

⑪司士：古代官名。据《礼记·曲礼》载，其与司徒、司马、司空、司寇并称天子之五官。

⑫枋（fāng）：两柱之间起连接作用的方柱形木材。

⑬肵（qí）俎：古代用于祭祀仪式中盛放牲畜心、舌等器官的礼器。

⑭长朼（bǐ）：指的是在宴会中，尊贵的客人优先使用朼从大鼎中取出食物。朼，古代祭祀时用的大木勺。

⑮午割：交叉切割。

⑯爨（cuàn）：这里指的是炉灶。一种土、陶制的厨房炉或灶。

⑰臑（nào）：牲畜前肢的下半截。

⑱肫（zhuǎn）：同“胗”。

⑲脡（tǐng）脊：牲体脊骨的中间部分。

⑳胁（xié）：腋下到肋骨尽处的部分。

㉑俎拒：俎足中央的横木。

㉒进下：指在祭祀时，将骨头的末端部分作为供品献给神灵。所谓“下”指的是骨头的末端部分。

㉓鲋（fù）：鲫鱼。

如此人者[①]，是非本也。譬犹食谷衣丝，而非耕织者也；载于船车，服而安之，而非主匠者也；食于釜甑[②]，须以生活，而非陶冶者也[③]。此言违于情，而行蒙于心者也。(《说苑·建本》)

①如此：这样的。

②釜甑（zèng）：两者均为古代烹饪用具。釜是一种古代的煮食容器，其特点是口部收缩、底部呈圆形，可能配有两个耳把，通常放在鬲上使用，甑则放在其上进行蒸煮。甑是一种古代的蒸饭用具，由瓦制成，底部设计有多个透气孔，以便蒸汽通过，类似于现代的蒸锅，也置于鬲上进行烹饪。

③陶冶：烧造陶器、冶炼金属。

鲁有俭啬者，瓦鬲煮食食之①，自谓其美，盛之土型②，以进孔子。孔子受之，而说，如受大牢之馈③。子路曰："瓦瓻④、陋器也；煮食、薄膳也。夫子何喜之如此乎？"夫子曰："夫好谏者思其君，食美者思其亲。吾非以馈具之为厚⑤，以其食厚而我思焉。"（《孔子家语·致思》）

【注释】

①瓦鬲（gé）：一种古代的陶质烹饪器具，具有三个支撑足，外形与鼎相似，但缺少耳部设计。

②土型：亦作"土形"，古代用于盛放汤或羹的陶制容器。《墨子·节用中》云："饭于土塯，啜于土形。"

③大牢：古时人们把祭祀燕享时用的牲畜叫作"牢"。祭祀时并用牛、羊、豕三牲的叫作"大牢"，也称"太牢"。大牢用于隆重的祭祀，按古礼规定，一般只有天子、诸侯才能用大牢。

④瓦甂（biān）：古代陶制的扁形盆类器物。

⑤馔（zhuàn）具：摆放食物的器具，餐具。

作其祝号①，玄酒以祭②，荐其血毛，腥其俎，孰其殽③，与其越席④，疏布以幂，衣其澣帛⑤，醴、醆以献⑥，荐其燔、炙⑦。君与夫人交献⑧，以嘉魂魄，是谓合莫⑨。然后退而合亨，体其犬、豕、牛、羊，实其簠⑩、簋⑪、笾⑫、豆⑬、铏羹⑭，祝以孝告，嘏以慈告⑮，是谓大祥。此礼之大成也。（《礼记·礼运》）

【注释】

①祝号：指的是古代六种不同的祝福和称号。

②玄酒：古时祭礼用于代替酒的清水。

③殽（yáo）：通"肴"，肉和菜肴。《礼记·曲礼上》云："凡进食之礼，左殽右胾。"

④其越席：使用蒲草编织而成的席子，这里的"越"是"结"的意思，指的是用蒲草编织成席。

⑤澣帛：将布料进行煮沸和染色，以制作用于祭祀的礼服。

⑥醆（zhǎn）：微清的浊酒。

⑦燔炙（fán zhì）：指烤肉。

⑧交献：古代祭祀仪式之一，帝、后交替献酒以祀神。

⑨合莫：祭祀时，祭者献祭物以与神灵沟通。

⑩簠（fǔ）：古代盛食物的竹制方形器具。

⑪簋（guǐ）：古代青铜或陶制盛食物的容器，圆口，两耳

五代南唐·顾闳中 《韩熙载夜宴图》(局部)

五代南唐·顾闳中 《韩熙载夜宴图》(局部)

五代南唐·顾闳中 《韩熙载夜宴图》(局部)

五代南唐·顾闳中 《韩熙载夜宴图》(局部)

或四耳。

⑫笾（biān）：竹编食器，形似豆，用于盛放果脯、干肉等，在祭祀和宴会中使用。

⑬豆：古代一种盛食物的器皿，形状像高脚盘。

⑭铏（xíng）羹：祭祀用铏器盛放的调味羹。铏，古代小鼎，有盖，两耳三足，用于盛羹。

⑮嘏（gǔ）：福。古代祭祀时，执事人（祝）为受祭者（尸）致福于主人。

礼仪餐桌的饮具大赏

中国的饮食文化深邃广博，不仅在食材与烹饪技艺上独树一帜，其饮具的多样性亦彰显了这一文化的非凡深度。回溯至先秦时期，酒不仅是日常餐桌上的佳酿，更是礼仪活动中不可或缺的重要元素，尤其在周代，贵族阶层对酒及其器皿的重视可见一斑。考古发掘的青铜陶器中，酒器的大量存在揭示了酒在周代社会生活和宗教仪式中的核心地位。

结合出土文物与《诗经》《礼记》《周礼》《尚书》等先秦文献的研究，我们可以发现周代的饮酒及盛酒器具种类繁多，包括爵、觚、觯、角等饮酒器，以及壶、尊、罍、盉、觥、卣、方彝等盛酒器，罍则是其中的大型盛酒器。进入西周后期至春秋战国时期，更多便捷的新型酒器如觯、罍、舟、缶、杯、卮等相继问世，丰富了酒器的实用性与审美价值。

这些先秦时期的饮具，无论是在文化内涵还是造型艺术上，都展现了深厚的审美意蕴。以爵为例，其在夏、商、周三代极为流行，特有的长流长尾设计，配以三足鼎立，周代时更见流上小柱的精巧发展，器身多饰以精美花纹或铭文，体现了极高的工艺水平。而作为盛酒器的尊，其样式之多样，令人叹为观止。《周礼·司尊彝》中详细记载了献尊、象尊、著尊、壶尊、大尊、山尊共六种尊的不同用途与造型，其中不乏模仿牛、羊、猪、兔、象、虎、雁等动物形态的设计，展现了古人对自然的崇敬与艺术的热爱。

通过对这些古代饮具的细致考察，我们不难发现，中国古代的饮酒文化不仅仅是一种生活习俗，更是一种深深植根于礼仪、艺术与哲学之中的文化表现。每一器物的曲线与雕饰，都承载着古人对美的追求与对生活的热爱，使得这些古老的饮具成为连接古今的文化桥梁，让我们得以窥见千年前的生活风貌与精神世界。

诗经·大雅·行苇（节选）

肆筵设席①，授几有缉御②。

或献或酢，洗爵奠斝③。

醓醢以荐④，或燔或炙。

嘉殽脾臄⑤，或歌或咢⑥。

敦弓既坚⑦，四鍭既钧⑧，

舍矢既均，序宾以贤。

敦弓既句，既挟四鍭。

四鍭如树，序宾以不侮。

曾孙维主，酒醴维醹⑨，

酌以大斗⑩，以祈黄耇⑪。

黄耇台背⑫，以引以翼⑬。

寿考维祺，以介景福。

【注释】

①设席：同"肆筵"。《毛传》："设席，重席也。"古人席地而坐，铺上多重席子，表示尊重。

②授几有缉御：此句与上句是说设席、授几，都有专人相继侍候。缉，续。御，侍者。一说"缉御"为恭敬貌。《郑笺》："兄弟之老者，既为设重席，授几，又有相续代而侍者，谓敦史（侍者）也。"

③洗爵：主客献酢之后，主人再给客人敬酒时，先将酒杯洗一洗。爵，古代青铜酒器。圆口，上两柱，下有三足。奠：置。斝（jiǎ）：青铜酒器。此指客饮毕，放杯于席上。

④醓（tǎn）：多汁的肉酱。醢（hǎi）：肉酱，《楚辞·招魂》曰："雕题黑齿，得人肉以祀，以其骨为醢些。"荐：进献。

⑤脾：通"膍（pí）"，牛胃，即牛百叶。臄（jué）：牛舌。

⑥或歌或咢（è）："歌"是指伴随着琴瑟的歌唱，而"咢"是指只击鼓而不歌唱的表演形式。

⑦敦（diāo）弓：雕弓，即经雕画之弓。

⑧鍭（hóu）：箭。钧：均射中。

⑨酒醴：泛指酒。醹（rú）：酒的味道醇厚。

⑩斗：舀酒的器物。

⑪黄耇（gǒu）：指长寿。黄，指老人的黄发；耇，老。

⑫台背：台，通"鲐"，指的是鲐鱼，因为鲐鱼背上有斑点，用来比喻老年人背上的老年斑。

⑬引：牵引。翼：辅助，扶持。指引、扶老人。

有以少为贵者。天子无介，祭天特牲①，天子适诸侯，诸侯膳以犊；诸侯相朝，灌用郁鬯②，无笾豆之荐③；大夫聘礼以脯醢④；天子一食⑤，诸侯再，大夫、士三，食力无数⑥；大路繁缨一就，次路繁缨七就；圭⑦、璋特⑧，琥⑨、璜爵⑩；鬼神之祭单席；诸侯视朝，大夫特，士旅之：此以少为贵也。

有以大为贵者。宫室之量，器皿之度，棺椁之厚^⑪，丘封之大，此以大为贵也。

有以小为贵者。宗庙之祭，贵者献以爵，贱者献以散；尊者举觯^⑫，卑者举角^⑬；五献之尊^⑭，门外缶^⑮，门内壶，君尊瓦甒^⑯。此以小为贵也。(《礼记·礼器》)

【注释】

①特牲：祭礼或宾礼用牲畜。

②灌：斟酒以献。郁鬯（yù chàng）：香酒。用鬯酒调和郁金之汁而成，古代用于祭祀或待宾。鬯，同"畅"。

③笾（biān）豆：笾和豆。古代祭祀及宴会时常用的两种礼器。竹制为笾，木制为豆。

④脯醢（fǔ hǎi）：佐酒的菜肴。脯，肉干；醢，用肉、鱼等制成的酱。

⑤一食：指天子在宴会上自食一次即表示饱足，其他"再""三"同此意。

⑥食力无数：自食其力的庶民们就无定数了（吃饱为止）。

⑦圭（guī）：古玉器名。长条形，上端做三角形，下端正方。中国古代贵族朝聘、祭祀、丧葬时以为礼器。依其大小，以别尊卑。又作珪。

⑧璋（zhāng）：古代的一种玉器，形状像半个圭。《周礼·大宗伯》云："以赤璋礼南方。"

⑨琥（hǔ）：瑞玉，古代的一种形似老虎的礼器。《周礼·春

官·大宗伯》云："以玉作六器，以礼天地四方……以白琥礼西方。"

⑩璜（huáng）：半璧形的玉石。《周礼·春官·大宗伯》云："以玄璜礼北方。"

⑪棺椁（guān guǒ）：即棺材和套棺（古代套于棺外的大棺），泛指棺材。

⑫觯（zhì）：古时饮酒用的器皿。青铜制。形似尊而小，或有盖。在礼仪活动中一般是地位比较高的尊者使用。

⑬角：古时饮酒用的器皿。

⑭五献：飨礼时献酒五次。古代飨礼，上公九献，侯伯七献，子男五献。

⑮缶（fǒu）：盛酒浆的瓦器。大腹小口，有盖。也有铜制的。

⑯甒（wǔ）：古代盛酒的有盖的瓦器，口小，腹大，底小，较深。

司尊彝掌六尊、六彝之位①，诏其酌，辨其用，与其实。春祠，夏禴②，裸用鸡彝、鸟彝，皆有舟；其朝践用两献尊③，其再献用两象尊④，皆有罍⑤，诸臣之所昨也。秋尝，冬烝，裸用斝彝、黄彝⑥，皆有舟；其朝献用两著尊，其馈献用两壶尊⑦，皆有罍，诸臣之所昨也。凡四时之间祀，追享⑧，朝享⑨，裸用虎彝、蜼彝，皆有舟；其朝践用两大尊，其再献用两山尊，皆有罍，诸臣之所昨也。凡六彝、六尊之酌，郁齐献酌⑩，醴齐缩

酌⑪，盎齐涗酌，凡酒修酌。大丧，存奠彝。大旅亦如之。(《周礼·春官宗伯》)

【注释】

①尊彝（yí）：尊、彝均为古代酒器，青铜制，金文中每连用为各类酒器的统称。因祭祀、朝聘、宴享之礼多用之，亦以泛指礼器。六尊：六种注酒器。六彝：祭祀所用的六种酒器。因刻画图饰各异，而名目不同。

②夏禴（yuè）：亦作"夏礿"，指天子诸侯夏祭。

③献尊：即牺尊。祭祀用的一种酒器。

④象尊：古代的一种酒器，其形如象或凤凰。

⑤罍（léi）：古时盛酒器，口小肩宽，腹深足圈，带盖，青铜或陶制。

⑥斝彝：古代祭祀用的有禾稼饰纹的酒器。黄彝：亦称"黄目尊"，省称"黄目"，黄铜彝器。据说刻人目为饰，故名。

⑦壶尊：郑司农曰："以壶为尊。"

⑧追享：亦作"追飨"。

⑨朝享：亦作"朝飨"，指古代帝王在宗庙举行的祭祀仪式。

⑩郁齐：即郁鬯。用鬯酒调和郁金之汁而成，古代用于祭祀或待宾。

⑪醴齐：甘醇的甜酒。缩酌：过滤以除去酒中的杂质。

曾侯乙墓中的饮食文化

白煮法的考古标本

1978 年，在湖北随县（今随州市）的郊外，考古学家们发现了一座可以追溯到战国早期的古墓。这座墓的主人是周王族诸侯国中曾国的国君曾侯乙。曾国和史书中的姬姓随国实际上是同一个国家，只是名字不同。其始祖是南宫适（括），他是周朝开国时期的一位声名显赫的大将军。曾国在西周初期被分封为镇守南方的重要邦国。在春秋战国时期，它不仅是楚国北进中原的必经之路，也是华夏北方中原文化与南方楚文化的交融之地。尽管曾侯乙在现存的古典文献中并未留下任何文字记载，但他的名字却因这座墓葬的发现而广为人知。

曾侯乙的墓中，出土了二十件食器类的鼎，这些鼎可以分为三种类型：两件大鼎、九件束腰大平底鼎以及九件盖鼎。通过对这些鼎的研究，我们不仅可以了解到当时的礼器制度，还能够看到白煮法在古代的实际应用。以其中的两件大鼎为例，它们的内部都残留有动物骨骼，经过专家的鉴定，确认这是半扇带骨牛肉。这两件大鼎应该就是古代文献中提到的"镬鼎"，专门用于煮肉，后来也被用于祭祀仪式。《礼记》等古代文献中记载，使用镬鼎煮肉通常采用"白煮法"，而煮牛肉则是祭祀活动中常见的食物之一。

墓中的九件完好无损的束腰大平底鼎，每件鼎的内部都刻有两行七字铭文："曾侯乙作持用终"。在出土时，这九件鼎中有七件内部残留有牛、羊、猪、鱼、鸡等动物的骨骼，其中鱼骨经过专家的鉴定被确认为鲫鱼骨。这些鼎的设计均为敞口、厚方唇，没有颈部，耳朵呈弧形外撇立于口沿之上，浅腹，并且在腹中部内收形成束腰状，腰部装饰有凸弦纹带，底部宽大平稳。根据考古专家的鉴定，含有鲫鱼骨的那件鼎是正鼎之一，这意味着这些鲫鱼当年是先在镬鼎内煮熟，然后再连汤一起倒入这件束腰大平底鼎中的。

曾侯乙作持用终①。(《曾侯乙墓》)

【注释】

①曾侯乙作持用终：这句话的意思是指曾侯乙制作并永久享用的。曾侯乙，周王族诸侯国中曾国（又叫随国）的诸侯王

（约前 475 至约前 433），姬姓，氏南宫名乙，在位约三十年。曾国与史书中的随国一国两名，是西周初期周天子分封镇守南方的重要邦国，说明周王朝当时已经有效控制了江汉地区。根据出土文物可见，曾侯乙生前兴趣广泛，非常重视礼乐。曾侯乙墓出土的编钟改写了世界音乐史，全套编钟十二个半音齐备，打破了十二平均律来自近代西方的观念，是辉煌的礼乐文明的代表。

郊特牲①，而社稷大牢②。天子适诸侯，诸侯膳用犊。诸侯适天子，天子赐之礼大牢。贵诚之义也。故天子牲孕弗食也，祭帝弗用也。

大路繁缨一就③，先路三就④，次路五就⑤。郊血⑥，大飨腥⑦，三献爓⑧，一献孰⑨。至敬不飨味，而贵气臭也。诸侯为宾，灌用郁鬯，灌用臭也。大飨尚腶修而已⑩。

大飨，君三重席而酢焉⑪。三献之介，君专席而酢焉，此降尊以就卑也。（《礼记·郊特牲》）

【注释】

①郊特：古天子祭天所用的赤色小牛。

②社稷：土神和谷神，古时君主都祭祀社稷，后来就用社稷代表国家。大牢：祭祀时并用牛、羊、豕三牲的叫作大牢，也称太牢，一般只有天子、诸侯才能用大牢。牢，本义是指关牲畜的栏圈，周代把祭祀燕享时用的牲畜叫作牢。

③大路：大辂，古时天子所乘之车。繁缨（yīng）：指古代天子、诸侯所用辂马的带饰。繁，马腹带；缨，马颈革。一就：意同"一匝"，即一圈。

④先路：先辂。天子或诸侯使用的一种用象牙装饰的正车。

⑤次路：次辂，副车。

⑥郊血：古天子祭社稷仪式之一。即以牛马之血献于尸座前。

⑦大飨（xiǎng）：向历代先王共同举行的盛大祭典。

⑧燅（xún）：同"焊"，古时在热汤里煮至半熟用于祭祀的肉。

⑨孰：古同"熟"，程度深。

⑩腶（duàn）修：腶脩，捣碎加以姜桂的干肉。

⑪君三重席而酢（zuò）：这里指诸侯相朝，主君设三重之席而受酢酒。

曾侯乙炉盘煎鲫鱼

曾侯乙墓出土的炉盘在学术界引发了广泛的讨论，其用途之谜引发了学者们至少四种富有想象力的假说：烤炉、炒炉、煎烤炉以及煎煮盘鼎。这四种称谓精妙地映射了古代烹饪艺术中的烤、炒、煎、煮四大技法。经过专家的深入分析，炉盘的结构与其出土时的状况揭示了其可能是由早期的青铜煎盘与青铜燎炉结合演变而来。这一发现在中国烹饪史上占据着举足轻重的地位，它不仅代表了公元前5世纪初中国煎烹技艺及其成果的高水平，而且对后世的炊具设计与相关菜式产生了影响。

曾侯乙炉盘的结构分为上下两部分。上部分的炉盘设计简洁而精致，口沿直立，腹部浅显，底部圆润，四只兽蹄形的足巧妙地立于炉口之上，腹部两侧则通过一对环钮连接着一副提链。令人瞩目的是，出土时炉盘内残留有鱼骨，经中国科学院水生生物研究所的专家鉴定，确认为鲫鱼骨骼。下部分的炉体呈浅盘状，底部平坦，并独特地分布着十三个大小不一的长方形穿孔，出土时内部填满了木炭和碎炭。基于这些细节，考古学家推断，食材、燃料及烟熏痕迹均合理地分布在这件青铜器上，有力地证明了曾侯乙炉盘不仅是一件兼具实用与美感的炊具，更能够烹制出《楚辞》中所描述的"煎鲋"这一美味佳肴。此外，从曾侯乙墓中其他食器内发现的食材遗存来看，当时人们对鲫鱼的喜爱可见一斑，这一饮食文化现象在古籍《吕氏春秋·本味》中亦有详尽记载，进一步印证了其历史价值与文化意义。

楚辞·大招（节选）

五谷六仞^①，设菰粱只。

鼎臑盈望^②，和致芳只^③。

内鸧鸽鹄^④，味豺羹只^⑤。

魂乎归来！恣所尝只。

鲜蠵甘鸡^⑥，和楚酪只。

醢豚苦狗，脍苴蒪只^⑦。

吴酸蒿蒌^⑧，不沾薄只^⑨。

魂兮归来！恣所择只。

炙鸹烝凫^⑩，煔鹑陈只^⑪。

煎鰿膗雀^⑫，遽爽存只^⑬。

魂乎归来！丽以先只^⑭。

四酎并孰^⑮，不涩嗌只^⑯。

清馨冻饮，不歠役只。

吴醴白蘗^⑰，和楚沥只。

魂乎归来！不遽惕只。

【注释】

①仞（rèn）：古代长度单位，周制八尺。《说文》云："仞，伸臂一寻八尺也。"

②臑（ér）：通"胹"，煮，煮烂。《楚辞·招魂》云："肥牛之腱，臑若芳些。"

③和致芳：调和五味，使食物芳香。

④肉：同"胹"，指鸟肉肥美。鸧：即麇鸧，一种类似鹤的鸟类，身体呈苍青色，亦称作"鸧鸹"。鹄：即天鹅。

⑤味：调和味道。豺（chái）：俗名豺狗。

⑥蠵（xī）：海里的大龟，身体长约一米，四肢呈桨状，吃鱼虾等，卵可食，龟甲可以入药。

⑦苴蓴（pò）：蘘荷，一种草本植物，花穗和嫩芽可食，根状茎入药，有辛辣味。

⑧蒌（lóu）：常绿木本植物，果实有辣味，可制酱。

⑨不沾薄：味道不浓不淡。

⑩鸹（guā）：鸟名。凫（fú）：野鸭。

⑪燖（qián）：古代祭祀用肉沉于汤中使半熟；也泛指煮肉，也作"燀"。鹑（chún）：鸟名，古称羽毛无斑者为鹌，有斑者为鹑，后混称鹌鹑。

⑫煎鰿（jì）：煎鲫鱼。鰿，古同"鲫"，鲫鱼。臛（huò）：肉羹。

⑬遽（jù）爽：这里是非常爽口的意思。

⑭丽：这里是美味的意思。

⑮四酎（zhòu）：精酿四次的美酒。酎，醇酒。

⑯噫（ài）：咽喉窒塞，噎。

⑰醴（lǐ）：甜酒。蘖（niè）：酿酒的曲。《管子·禁藏》云："以蘖为酒。"

鱼之美者：洞庭之鱄^①，东海之鲕^②。醴水之鱼^③，名曰朱鳖^④，六足、有珠、百碧。藋水之鱼，名曰鳐^⑤，其状若鲤而有翼，常从西海夜飞游于东海。(《吕氏春秋·本味》)

【注释】

　　①鱄(zhuān)：鱼名，产于洞庭湖，味美。

　　②鲕(ér)：鱼苗，小鱼。

　　③醴(lǐ)水：水名。醴，通"澧"。

　　④朱鳖(biē)：传说中的一种赤色的鳖，能吐珠，又称珠鳖。

　　⑤鳐(yáo)：鱼类的一科，身体扁平，略呈圆形或菱形，肉可食，肝可制鱼肝油。

马王堆中的饮食文化

马王堆中肉干菜谱

　　马王堆一般指马王堆汉墓，位于湖南省长沙市芙蓉区东郊四千米处的浏阳河旁的马王堆街道，是西汉初期长沙国丞相轪侯利苍的家族墓地。从其深埋地下的文物与典籍中，我们得以窥见汉代的历史风貌、文化艺术以及日常生活的丰富细节。

　　马王堆出土的帛书《养生方》这部古老的医书尤为引人注目。它不仅涉及医术，还详细记述了各类食物的制备方法及其滋补功效。特别是在肉干制作方面，书中记载了狗肉干、马肉干、鸡肉干等多种食谱。其中一款狗肉干的制作法门，堪称目前发现的最早关于食疗的文献记录之一。其独特之处在于使用了蜗牛和醋作为配料，据说能够有效治疗中气不足。具体而言，需将四斗蜗牛浸泡于醋中两日，随后取出蜗牛并将狗肉条放入醋汁中进行腌渍，之后捞出阴干，并反复此过程，直至肉干可食用为止。

　　此外，《养生方》中亦详述了两种马肉干的烹饪法，分别命名为"脩"与"脯"。尽管这些食谱部分内容已残缺不全，但仍能从中窥见当时的烹饪智慧，大致流程同样包含了多次的腌渍、晾干及烤干步骤。这些珍贵的文献资料，为我们提供了迄今为止关于先秦时期肉脯与脩制法最为详尽的历史见证。

　　治：取蠃四斗①，以酢截渍二日②，去蠃，以其汁渍□肉撞者③，若□犬脯□□④，复渍汁，□□⑤。食脯一寸胜一人，十寸胜十人。（长沙马王堆三号汉墓出土帛书《养生方》）

【注释】

　　①蠃（luǒ）：蜗牛。

　　②截（zài）：醋。

　　③以其汁渍□肉撞者：用这种蜗牛醋汁腌渍捶捣过的狗肉。撞，这里指捣捶。

　　④脯：肉干。按，犬字前残缺一字，可能为"捞"意。

　　⑤□□：按，原文此二字残缺，依据《养生方》中马肉干做法补上。据上下文得知是将狗肉条放阴凉通风处晾干。

　　一曰：取白符①、红符②、伏靁各二两③，姜十颗，桂三尺，皆各冶之④，以美醯二斗和之⑤，即取刑马膂肉十□⑥，善脯之⑦，令薄如手三指[8]，即渍之醯中，反复挑之[9]，即漏之[10]，已漏[11]，□而炀之[12]，□□□□沸，又复渍炀如前，尽汁而已[13]。炀之□脩[14]，即以椎薄段之[15]，令泽，复炀□□□之，令□泽，……漆鬃之[16]，干，即善藏之[17]。朝日昼□夕食，食各三寸[18]，皆先□[19]，……各冶等[20]，以为后饭。（长沙马王堆三号汉墓出土帛书《养生方》）

【注释】

①白符：白石脂的别名。见明李时珍《本草纲目·石三·五色石脂》。

②红符：红石脂。

③伏霝（fú líng）：茯苓，中药名。别名云苓、白茯苓。寄生在松树根上的一种块状菌，皮黑色，有皱纹，内部白色或粉红色，包含松根的叫茯神，都可入药。

④皆各冶之：这里指分别研成末。

⑤以美醯二斗和之：用二斗好醋把料末调和匀。

⑥膂（lǚ）：脊梁骨。《尚书·君牙》云："今命尔予翼，作股肱心膂。"

⑦善脯之：适合做马脯的。

⑧令薄如手三指：切成厚薄约手三指形状。

⑨反复挑之：反复抄拌马肉条。

⑩即漏之：将马肉条从料汁中捞出来。

⑪已漏：控尽料汁。

⑫炀（yáng）：烘干，烤火。

⑬尽：用尽。

⑭脩（xiū）：干肉。《周礼·天官》云："凡肉脩之颁赐，皆掌之。"

⑮椎（chuí）：用捶敲打。薄：这里是轻轻的意思。段：锤击。

⑯漆髤：在马肉条上涂上生漆，起到防腐的作用。髤（xiū），同"髹"，涂漆。《说文·黍部》："髤，黍也。"

⑰善藏：好好储存。

⑱食各三寸：每次吃三寸长的肉干。

⑲皆先□：皆先饭，都要在饭前吃。

⑳各冶等：研磨成等分的粉末。

取刑马脱脯之①，段乌喙一升②，以醇酒渍之③，□去其滓④……舆、虋冬各□□⑤，草薢⑥、牛膝各五□⑦，□荚⑧、桔梗⑨、厚朴二尺、乌喙十颗，并冶⑩，以醇酒四斗渍之，毋去其滓，以□□脯，尽之，即治，□以韦橐裹⑪。食以三指撮为后饭⑫，服之六末强⑬，益寿⑭。（长沙马王堆三号汉墓出土帛书《养生方》）

【注释】

①脱脯之：剔去骨头切成肉条。脱，这里指脱骨。

②乌喙（huì）：中药附子的别称。以其块茎形似得名。

③醇（chún）酒：味浓，香郁的纯正的酒。

④滓（zǐ）：渣子，沉淀物。

⑤蘪(mén)冬：药草名。即天门冬和麦门冬。明李时珍《本草纲目·草五·麦门冬》："蘪冬。麦须曰蘪，此草根似麦而有须，其叶如韭，凌冬不雕，故谓之麦蘪冬。"

⑥草薢(bì xiè)：可入药，多年生藤本植物，叶互生，雌雄异株，根状茎横生，呈圆柱形，表面黄褐色。

⑦牛膝：多年生草本植物，茎方形，根可入药，有利尿和活血通经作用。

⑧荚(jiá)：豆科植物的长形果实，至成熟时，皮自破裂而籽出。

⑨桔梗(jié gěng)：一种多年生草本植物，桔梗的根，可入药，有止咳祛痰的作用。

⑩并冶：研末后放到一起。

⑪以韦橐(tuó)裹：马脯做好后用苇叶包裹起来。

⑫撮(cuō)：用手指捏取细碎的东西。

⑬服之六末强：吃后能使全身都强壮。

⑭益寿：增延寿命。

鹿脯一笥①。(《长沙马王堆一号汉墓竹简》)

【注释】

①鹿脯一笥(sì)：鹿肉干一箱。笥为方形竹器。在长沙马王堆一号和三号墓都有出土。

一曰：□□□大牡兔^①，皮、去肠^②；取萆荔长四寸一把^③、术一把^④、乌喙十□□□削皮细析^⑤；以大（牡□）肉入药间，尽之^⑥，干^⑦，勿令见日^⑧，百日□裹^⑨。以三指撮一为后饭百日^⑩，支六七岁，□食之可也，恣所用^⑪。（长沙马王堆三号汉墓出土帛书《养生方》）

【注释】

①大牡兔：大公兔子。《名医别录》认为"兔肉味辛平无毒，主补中益气"。

②皮、去肠：去掉外皮和内脏。

③萆荔：即萆薢，可入药。

④术：白术，味甘、苦，性温，入脾、胃经，健脾，和中，燥湿，利水。

⑤乌喙：中药附子的别称，以其块茎形似得名。削皮细析：削皮后细切。

⑥尽之：全部用上。

⑦干：将阴干。

⑧勿令见日：要放到阴暗处，不能在太阳底下暴晒。

⑨百日□裹：此句"裹"前少一个字，意思是百日后用某种物料将兔肉包裹起来。

⑩三指撮：古代一种用药计量单位。

⑪恣所用：吃多吃少随意。

芜荑牛脯①。(《长沙马王堆三号汉墓竹简》)

【注释】

①芜荑（wú yí）牛脯：辣味牛肉干。芜荑，木名，姑榆，叶果皮可入药，仁可做酱，味辛，又名无姑。

马王堆中花样吃鸡

在马王堆遗址发掘出的珍贵简帛之中，藏匿着古代烹饪艺术的瑰宝。这些文献不仅记录了各式各样的禽类食谱，如叫花鸡、煮鸡皮、煮鸡汤以及蒸鸟蛋等，种类繁多，而且展现了古人对饮食文化的独到见解和精湛技艺。

尤其引人注目的是，马王堆三号墓出土的《五十二病方》中，记载了一份叫花鸡食谱。这份食谱的发现，将传世文献中关于叫花鸡的历史向前推进了逾千年。根据该食谱所述，制作此道菜肴需选用鲜活的黄母鸡，通过其嘴部灌注特制酱汁，随后用芭茅或香茅紧密包裹鸡肉，再于外层涂抹泥土，置于火中烧制。待泥土干燥后去除，便可享用这道美味佳肴。令人惊讶的是，在当时，这道菜肴竟被认为是治疗痔疮的药膳。《五十二病方》本为医方著作，其中的许多其他食谱，如煮鸡皮，也被认为能够治疗癫疾等疾病。

《五十二病方》中的煮鸡汤食谱虽然部分残缺，但其大致制作方法仍可推断出来。与今日我们熟悉的炖鸡汤有所不同，古法煮鸡汤采用的是老公鸡作为主食材，并在烹煮过程中加入了小米、麦粒、豆子等五谷杂粮。之后，将煮好的鸡汤倒入装有兔头瓜肉的碗中，一并放入蒸锅内进行蒸制，待熟透后即可饮用。这一过程不仅体现了古人对食材的精心挑选和搭配，也展示了他们对烹饪技法的深入探索和创新。

痔者①，以酱灌黄雌鸡②，令自死。以菅裹③，涂上④，炮之⑤，涂干⑥，食鸡。（长沙马王堆三号汉墓出土帛书《五十二病方》）

【注释】

①痔者：这里是指治疗痔疮的方法。

②以酱灌黄雌鸡：这里是指将酱汁从鸡嘴灌入黄母鸡肚里。

③菅（jiān）：菅茅，多年生草本植物，多生于山坡草地。很坚韧，可做炊帚、刷子等。《诗经·小雅·白华》云："白华菅兮，白茅束兮。"

④涂上：把泥抹在包鸡的茅草上。

⑤炮（páo）：古烹饪法的一种，用烂泥等裹物而烧烤。《礼记·内则》云："炮：取豚若将。"

⑥涂干：指的是泥被烧干。

癫疾：先偫白鸡①、犬矢。发②，即以刀剟其头③，从颠到项④，即以犬矢□之，而中剟鸡□，冒其所以犬矢□者，三日而已。已，即熟所冒鸡而食之，致已⑤。（长沙马王堆三号汉墓出土帛书《五十二病方》）

【注释】

①偫（zhì）：准备。

②发：这里指的是发病。

③剟（chuán）：用刀剔剥。

④颠：头顶。项：颈的后部，泛指脖子。

⑤致已：这个方子效果很好。

烹三宿雄鸡二①，泪水三斗②，熟而出，及汁更泪，以金盂逆甗下③，炊五谷、免□肉陀甗中，稍沃以汁④，令下盂中⑤，熟⑥，饮汁⑦。（长沙马王堆三号汉墓出土帛书《五十二病方》）

【注释】

①烹：原作"亨"，这里的意思是煮。三宿：这里是三年的意思。二：这里指的是两只。

②泪（jì）：将第一次煮好的鸡汤倒出来再往锅里添水。《吕氏春秋·应言》云："市丘之鼎以烹鸡，多泪之则淡而不可食，少泪之则焦而不熟。"

③甗（yǎn）：古代炊器。下部是鬲，上部是透底的甑，上下部之间隔一层有孔的算。

④稍沃以汁：这里指倒入鸡汤。

⑤盂（yú）：盛饮食或其他液体的圆口器皿。《说文》云："盂，饮器也。"

⑥熟：原作"孰"。

⑦饮汁：这里指将汤汁喝下去。

女子癃：取三岁陈藿①，蒸而取其汁，□而饮之②。（长沙马王堆三号汉墓出土帛书《五十二病方》）

【注释】

①陈藿（huò）：陈，陈年。藿，豆类植物的叶子。《广雅·释草》："豆角谓之荚，其叶谓之藿。"

②□而饮之：参考马王堆汉墓其他文献，"□"或为"温"字。

濯鸡笥①。（《长沙马王堆三号汉墓竹简》）

【注释】

①濯（zhuó）：据唐兰《长沙马王堆汉轪侯妻辛追墓出土随葬遣策考释》分析，大抵可以推出"濯"相当于今天的"涮"。

鸡白羹一鼎①，瓠菜②。（《长沙马王堆一号汉墓竹简》）

【注释】

①鸡白羹：此羹为加入米末和瓠菜的鸡肉羹。

②瓠（hù）菜：一年生草本植物，茎蔓生，夏天开白花，果

实长圆形，嫩时可食。这里指类似于葫芦的变种瓠的嫩叶。

马王堆中花样菜谱

在神秘的马王堆古墓中，考古学家们惊奇地发现了一批丰富的食材遗存。这些食材涵盖了各式各样的肉类，如家禽、家畜、鱼类以及野味；同时，还有稻米、麦子、粟米、豆类等各式粮食；更令人瞩目的是，超过二十种的瓜果蔬菜亦在此列。而在马王堆出土的珍贵简帛文献中，更是详细记录了大量古代的食物烹饪方法。

在探讨肉类食物的烹饪技艺时，除了先前提及的肉脯外，马王堆简帛中所记载的烹饪方式尤为多样，包括羹、炙、涮等。羹类食品根据其味道与所用食材的不同，可分为大羹、白羹、巾羹、逢羹、苦羹五种，各具特色。至于"炙"这一烹饪手法，即我们今天所说的烤肉，其品类之丰富令人叹为观止，涵盖牛肉、犬肉、猪肉、鹿肉，甚至细致到牛肋、犬肝、鸡肉等，展现了古人在食材选择上的精细与广泛。而"涮"——这种现代火锅的吃法，在《长沙马王堆一号汉墓竹简》中亦有迹可循，当时的涮菜已经体现出中华饮食文化的独特风格，涮牛肚、牛舌、牛心、牛肺等佳肴皆名列其中，彰显了古代饮食文化的深度与广度。

通过这些珍贵的考古发现和文献记载，我们不仅能够窥见古代人们丰富多彩的饮食习惯，更能深切感受到那个时代独特的饮食文化韵味，它们如同时光的密语，引领我们穿越千年，品味古代生活的精彩与细腻。

豕炙一笥^①。（《长沙马王堆一号汉墓竹简》）

【注释】

①豕炙一笥：烤猪腿一箱。

牛蓬羹一鼎^①，豕蓬羹一鼎。（《长沙马王堆三号汉墓竹简》）

【注释】

①牛蓬羹一鼎：牛肉蓬蒿羹一鼎。蓬，据裘锡圭先生考证可能指的是蓬蒿，李时珍《本草纲目》和孙思邈《千金方》中均认为蓬蒿是一种可以养脾胃、安心气的蔬菜。

鹿肉、鲍鱼、筍白羹一鼎^①。（《长沙马王堆一号汉墓竹简》）

【注释】

①鹿肉、鲍鱼、筍白羹：据唐兰先生考证这里是指鹿肉干鱼笋羹。筍（sǔn），与"笋"为异体字。白羹，加入米末的肉羹。

鹿肉、芋白羹一鼎①。(《长沙马王堆一号汉墓竹简》)

【注释】

①芋：多年生草本植物，作一年生栽植。地下有肉质的球茎，含淀粉很多，可供食用，亦可药用。俗称"芋奶""芋艿""芋头"。《仪礼·士丧礼》云："其实葵菹芋。"

犬肝炙一器①。(《长沙马王堆一号汉墓竹简》)

【注释】

①犬肝：狗肝脏。炙：烤。

狗巾羹一鼎①。(《长沙马王堆三号汉墓竹简》)

【注释】

①巾：据唐兰《长沙马王堆汉轪侯妻辛追墓出土随葬遣策考释》考证，这里的"巾"指的是水芹。

牛濯胃一器①。(《长沙马王堆三号汉墓竹简》)

【注释】

①牛濯胃：涮牛肚。

牛白羹一鼎①。(《长沙马王堆三号汉墓竹简》)

【注释】

①牛白羹：加入米末的牛肉羹。

一曰：取牛肉薄劙之^①，即取堇芙寸者^②，置牛肉中，炊沸^③，休，又炊沸，又休；三而出肉食之^④。

　　藏汁及堇芙、以复煮肉，三而去之。令人環、益强而不伤人^⑤，食肉多少恣也。（长沙马王堆三号汉墓出土帛书《养生方》）

【注释】

　　①取牛肉薄劙之：将牛肉切成薄片。劙，原作"劆"。

　　②芙：通"薜"。

　　③炊沸：煮开。

　　④三而出肉：这样反复三次后把肉取出来。

　　⑤環：原作"罳"，这里指恢复。

诗乐经典与百味人间

《诗经》中的人间滋味

天然无公害的绿色野菜

《诗经》这部古老的诗歌集，蕴藏着对野菜的丰富吟咏。这些诗篇通过其质朴而生动的文字，描绘出一幅幅自然无污染的野菜图景，它们在春日初露时，便已生机盎然地点缀于田间与河畔。当人们共同参与采摘之时，他们流露出的喜悦与活力，历经千年依旧能叩击我们的心弦。这份跨越千年的情感共鸣，至今仍能触动我们内心深处的柔软，让我们在繁华喧嚣的现代社会中，依然对那份田野间的俭朴生活心生向往，幻想着边采撷野菜，边吟诵诗篇的浪漫情愫。

然而，对于先秦时期的人民而言，采摘野菜不仅仅是一种浪漫的追求，更是当时人们赖以生存的重要手段之一。因此，《诗经》中频繁地提及野菜，诸如《茉莒》《采蘩》《采蘋》《采葛》《桑中》等篇章，它们的标题汇聚起来，宛若一部详尽的野菜食谱。根据陆玑所著的《毛诗草木鸟兽虫鱼疏》，我们可以得知《诗经》中记载了包括苴苣、杞、劳、藏、藻、茆、蘩、菜、蒿、蕨、薇、苹、芣苢、椒、枸在内的逾五十种可食用的野菜，这些名字虽已陌生，却承载着先民们的生存记忆。而今，蕨菜、荠菜、冬葵等野菜仍被视为餐桌上的珍馐，它们穿越时空的阻隔，见证了野菜与劳动人民之间那份不解的情缘。几千年来，野菜始终如一地陪伴在劳动人民的餐桌旁，成为了饮食生活中不可或缺的一部分。

诗经·周南·关雎

关关雎鸠，在河之洲。

窈窕淑女，君子好逑。

参差荇菜①，左右流之②。

窈窕淑女，寤寐求之③。

求之不得，寤寐思服④。

悠哉悠哉⑤，辗转反侧⑥。

参差荇菜，左右采之。

窈窕淑女，琴瑟友之⑦。

参差荇菜，左右芼之⑧。

窈窕淑女，钟鼓乐之。

【注释】

①参差（cēn cī）：长短不齐。荇（xìng）菜：一种水生植物，叶子浮在水面可以食用。

②流：顺着水流去采。之：指荇菜。

③寤寐（wù mèi）：醒着为"寤"，睡着为"寐"。

④思服：思念。服，想。

⑤悠哉：忧思不断。

⑥辗（zhǎn）转反侧：躺在床上翻来覆去，睡不着。

⑦琴瑟（qín sè）：中国古代两种弦乐器的合称，分别指"琴"和"瑟"。"琴"通常指的是七弦琴。"瑟"通常有二十五弦，形体比琴大，声音更为深沉。

⑧芼（mào）：采摘。

诗经·小雅·采菽

采菽采菽①，筐之筥之②。

君子来朝，何锡予之？

虽无予之，路车乘马③。

又何予之？玄衮及黼④。

觱沸槛泉⑤，言采其芹。

君子来朝，言观其旂。

其旂淠淠⑥，鸾声嘒嘒。

载骖载驷，君子所届。

赤芾在股⑦，邪幅在下⑧。

彼交匪纾⑨，天子所予。

乐只君子，天子命之。

乐只君子，福禄申之⑩。

维柞之枝⑪，其叶蓬蓬⑫。

乐只君子，殿天子之邦⑬。

乐只君子，万福攸同。

平平左右，亦是率从。

汎汎杨舟，绋纚维之⑭。

乐只君子，天子葵之。

乐只君子，福禄膍之⑮。

优哉游哉，亦是戾矣。

【注释】

①菽（shū）：豆。

②筥（jǔ）：古代圆形的竹筐。

③路车：辂车。古代天子或诸侯贵族所乘的车。

④玄衮（gǔn）：浅黑色的画卷龙袍。黼（fǔ）：古代礼服上绣的斧头状花纹，这种花纹半黑半白，象征着斧刃的白色和斧身的黑色。

⑤觱（bì）沸：泉水涌出的样子。槛泉：指泉眼众多，水盛涌出之泉。槛，为"滥"之借字。

⑥淠淠（pèi）：飘动的样子。

⑦芾：通"韨"，古代官服上的蔽膝。

⑧邪幅：古代缠裹足背至膝的布。

⑨彼交：不急不躁。彼，疑为"匪"字之误。交，通"绞"，急。纾：急慢。

⑩申：重。

⑪柞（zuò）：栎属的乔木或灌木。

⑫蓬蓬：草木、须发参差不齐或杂乱。

⑬殿：镇定。

⑭绋纚（fú lí）：通常指的是古代出殡时用来牵引灵柩的绳索。

⑮膍（pí）：厚赐。

诗经·召南·草虫

喓喓草虫①，趯趯阜螽②。

未见君子，忧心忡忡③。

亦既见止，亦既觏止④，我心则降。

陟彼南山⑤，言采其蕨⑥。

未见君子，忧心惙惙⑦。

亦既见止，亦既觏止，我心则说。

陟彼南山，言采其薇。

未见君子，我心伤悲。

亦既见止，亦既觏止，我心则夷⑧。

【注释】

①喓喓（yāo）：形容虫叫的声音，多用于形容虫鸣声细碎而连续。

②趯趯（tì）：形容跳跃或跳动的样子，常用来形容活泼或轻快的动作。阜螽（fù zhōng）：指蝗虫的幼虫。

③忡忡（chōng）：指忧愁烦闷的样子。

④觏（gòu）：遇见，特指不期而遇或偶然相见。

⑤陟（zhì）：登，升。

⑥蕨（jué）：一种植物，其嫩茎可食用，是常见的山野菜。

⑦惙（chuò）：形容忧愁不绝的样子。

⑧夷：平。

诗经·小雅·采薇

采薇采薇①，薇亦作止②。

曰归曰归，岁亦莫止。

靡室靡家③，猃狁之故④。

不遑启居⑤，猃狁之故。

采薇采薇，薇亦柔止。

曰归曰归，心亦忧止。

忧心烈烈⑥，载饥载渴。

我戍未定，靡使归聘⑦。

采薇采薇，薇亦刚止。

曰归曰归，岁亦阳止⑧。

王事靡盬⑨，不遑启处⑩。

忧心孔疚，我行不来！

彼尔维何⑪？维常之华。

彼路斯何？君子之车。

戎车既驾⑫，四牡业业⑬。

岂敢定居？一月三捷。

驾彼四牡，四牡骙骙⑭。

君子所依，小人所腓⑮。

四牡翼翼⑯，象弭鱼服。

岂不日戒？狁孔棘！

昔我往矣，杨柳依依。

今我来思，雨雪霏霏。

行道迟迟，载渴载饥。

我心伤悲，莫知我哀！

【注释】

①薇（wēi）：野豌豆苗。

②作：生，指薇冒出地面。止：语气词。

③靡（mí）：无，没有。

④猃狁(xiǎn yǔn)：也作"险允"，我国古代北方少数民族。秦汉时称"匈奴"，隋唐时称"突厥"，也统称"北狄"。

⑤不遑(huáng)：无暇，没有时间。启：跪。居：坐。

⑥烈烈：忧心如焚。

⑦聘：探问。

⑧阳：农历十月。

⑨靡盬(gǔ)：没有结束。

⑩启处：同"起居"。

⑪维何：是什么。维，语气助词。

⑫戎(róng)车：兵车。

⑬业业：雄壮高大貌。

⑭骙骙(kuí kuí)：马很强壮。

⑮腓(féi)：掩护。

⑯翼翼：娴熟的样子。

诗经·小雅·采芑

薄言采芑①，于彼新田，于此菑亩②。方叔莅止，其车三千。师干之试，方叔率止。乘其四骐③，四骐翼翼。路车有奭④，簟茀鱼服⑤，钩膺鞗革⑥。

薄言采芑，于彼新田，于此中乡。方叔莅止，其车三千。旂旐央央⑦，方叔率止。约軝错衡⑧，八鸾玱玱⑨。服其命服⑩，朱芾斯皇，有玱葱珩⑪。

鴥彼飞隼⑫，其飞戾天⑬，亦集爰止。方叔莅止，其车三千。师干之试，方叔率止。钲人伐鼓⑭，陈师鞠旅⑮。显允方叔，伐鼓渊渊，振旅阗阗⑯。

蠢尔蛮荆，大邦为仇。方叔元老，克壮其犹。方叔率止，执讯获丑⑰。戎车啴啴，啴啴焞焞⑱，如霆如雷。显允方叔，征伐猃狁，蛮荆来威。

【注释】

①薄言：语气词。芑（qǐ）：野菜，一种草本植物，类似于苦菜。

②菑（zī）亩：初耕的田地。

③骐（qí）：青黑色的马。

④奭（shì）：红色。

⑤簟茀（diàn fú）：遮挡战车后部的竹席子。

⑥钩膺（yīng）：套在马颈腹上的带饰。鞗（tiáo）革：马缰绳所用的皮革。

⑦旂旐（qí zhào）：画有龙和蛇图案的旗帜。

⑧约軧（qí）：皮革约束车轮的部分。错衡：涂有金色文饰的车衡。

⑨八鸾（luán）：八个鸾铃。马口两旁各一,四马八铃,故称八鸾。玱玱（qiāng）：玉的声音,清越貌。

⑩命服：古代官员按其官衔等级所穿着的礼服，按周代官员的品秩有一命至九命之差，官员的衣服因命数不同而各有

定制。

⑪葱珩（héng）：青色的佩玉。

⑫鴥（yù）：（鸟）疾飞的样子。隼（sǔn）：鸟类的一科，翅膀窄而尖，上嘴呈钩曲状，背青黑色，尾尖白色，腹部黄色。饲养驯熟后，可以帮助打猎。亦称"鹘"。

⑬戾（lì）：到达。

⑭钲（zhēng）人：掌管鸣钲击鼓的官吏。

⑮鞠（jū）旅：告诫士兵，犹誓师。

⑯振旅：休整军队。阗阗（tián tián）：击鼓声。

⑰执讯：对所获敌人加以讯问。获丑：俘获敌众。

⑱嘽嘽（tān）：众多。焞焞（tūn）：盛貌。

可遇不可求的渔猎美食

在远古的岁月里，当夜幕低垂，星辰闪烁时，我们的祖先结束了一天漫长的劳作与征伐，围坐于温暖的篝火旁，将那由渔猎得来的珍馐美味悬挂于火上，缓缓烤制。在那尚未开化的年代，除了大自然的慷慨馈赠，渔猎成为了原始人类赖以生存的主要方式。考古发掘中屡见不鲜的带有鱼纹的陶盆等文物，无不在无声间诉说着渔猎不仅是古人类生存的补充，更是他们生活文化的一部分。这些来自渔猎的佳肴并非时时可得，它需要先民们与自然进行一场智慧与勇气的较量。庖牺氏"作结绳而为网罟"，黄帝"弦木为弧，剡木为矢"，这揭示了早在黄帝时代，渔网与弓箭便已应运而生。

《诗经》作为中国最早的诗歌总集，也蕴含了渔猎美食的描述。渔猎美食不仅是满足口腹之欲的物质享受，还寄托了周人的情感和精神追求。如《小雅·鱼丽》一诗中，详细列举了鲿、鲨、鲂、鳢、鳏、鲤等多种鱼类，这些鱼类成为宴饮上的佳肴。《小雅·鱼丽》中对鱼的赞美，不仅是对美食的欣赏，也是对多子多福、生活富足的美好祈愿。《诗经》中鱼类可能采用的烹饪方式包括煮、烤、蒸、凉拌等，如《小雅·六月》中的"炰鳖脍鲤"一句，虽然主要描述的是鳖的烹饪，但"脍鲤"二字也暗示了鲤鱼可能被切成薄片生吃或凉拌而食。

除了鱼类，狩猎也是周人重要的食物来源。狩猎所得的飞禽走兽为周人提供了丰富的蛋白质。凫（水鸭子）、雁等水禽，以及鹿、兔等陆地动物，纷纷成为了诗篇中的狩猎对象，它们的身影在《齐风》的《还》等篇章中跃然纸上，仿佛带领我们回到那充满活力的时代，感受祖先们在自然中追寻食物的勇气与智慧。

诗经·小雅·鱼丽

鱼丽于罶①，鲿鲨②。君子有酒，旨且多③。

鱼丽于罶，鲂鳢④。君子有酒，多且旨。

鱼丽于罶，鰋鲤⑤。君子有酒，旨且有⑥。

物其多矣，维其嘉矣⑦！

物其旨矣，维其偕矣⑧！

物其有矣，维其时矣！

【注释】

①丽（lí）：通"罹"，陷进。罶（liǔ）：竹篓，古时候用它来捕鱼。

②鲿（cháng）：黄颊鱼。鲨：吹沙鱼，体小细长。

③旨：味美。多：指酒多。

④鲂（fáng）：鳊鱼。鳢（lí）：黑鱼。体黑鳞细。

⑤鰋（yǎn）：鲇鱼。

⑥有：充足，富有。

⑦嘉：善，美。

⑧偕：通"嘉"。

诗经·小雅·六月（节选）

吉甫燕喜①，既多受祉②。

来归自镐，我行永久③。

饮御诸友④，炰鳖脍鲤⑤。

侯谁在矣⑥？张仲孝友⑦。

【注释】

①燕：宴饮。喜：欢喜，高兴。

②既：终。祉：福。

③永久：历时长久。

④御：进献。诸友：诸位朋友。

⑤炰（páo）：烹煮。

⑥侯：维，发语词。

⑦张仲：人名，当时大臣。尹吉甫的好友。孝友：指孝于亲、友于弟，这里是称颂其品德。

诗经·魏风·伐檀（节选）

坎坎伐轮兮，置之河之漘兮①，河水清且沦猗②。

不稼不穑，胡取禾三百囷兮③？

不狩不猎，胡瞻尔庭有县鹑兮④？

彼君子兮，不素飧兮⑤！

【注释】

①漘（chún）：水边。

②沦：小的波纹。

③囷（qūn）：束。

④鹑（chún）：鹌鹑。

⑤飧（sūn）：熟食。这里指晚餐。

诗经·周颂·我将

我将我享①，维羊维牛，维天其右之②！

仪式刑文王之典③，日靖四方④。

伊嘏文王⑤，既右飨之⑥。

我其夙夜⑦，畏天之威，于时保之⑧。

【注释】

①将：奉上。享：祭献。

②右：佑，保佑。

③仪式刑：三字平列，都是效法的意思。

④靖：求。

⑤伊：发语词。嘏（jiǎ）：通"假"，伟大。

⑥飨：神来享受食物。

⑦夙夜：早晚，指勤政。

⑧时：是。

诗经·周颂·潜

猗与漆沮①，潜有多鱼②。

有鳣有鲔③，鲦鳢鰋鲤④。

以享以祀⑤，以介景福⑥。

【注释】

①猗与：好呀。漆沮：两条河流的名称，现陕西渭河以北。

②潜：水中供鱼休息的柴堆，以便捕捉。

③鳣（zhān）：大鲤鱼。鲔（wěi）：鲟鱼，长一二丈。

④鲦（tiáo）：白条鱼，又叫白鲦。鲿：又名黄鲿鱼、黄颊鱼。尾微黄。

⑤享：祭献。

⑥以介景福：以求大福。介，祈求；景，大。

先秦人的"水果自由"

在遥远的先秦时期，中原大地就盛产水果。尽管那个时代尚未有现代营养学的指引，但凭借着生存本能与日积月累的生活智慧，先秦的先民们早已领悟到饮食平衡的重要。《黄帝内经》这部古老的医学典籍中便有记载："五谷为养，五果为助。"而所谓的"五果"，便是桃、李、杏、枣与栗这五种果实。显然这些果实是古人保持身体健康不可或缺的"自然良方"。

水果的价值远不只于满足口腹之欲，它们还被用来酿制成芬芳馥郁的美酒，甚至成为疗愈疾病的灵验药材。不仅如此，水果的图案亦被巧妙地运用于壁画、服饰以及饰品之上，成为美的点缀。更深层次地说，古人对水果的形状、性质、药用价值及其生长环境进行了深刻的文化思考和探索。可以说，在先秦时期，水果不仅滋养了人们的身体，更丰富了他们的文化生活，无论是在寒风凛冽、饥肠辘辘之时给予温暖与饱足，还是在酷暑难耐、口干舌燥之际带来清凉与滋润，水果始终如一地陪伴着古人，共同穿越了历史的长河。

那么，当我们翻开《诗经》——这部古老而又灿烂的文学巨著，又怎能不好奇，我们的先祖究竟品尝了哪些甘美的水果，让这份自然的馈赠在千年的诗篇中依然熠熠生辉？

诗经·魏风·园有桃（节选）

园有桃，其实之殽①。

心之忧矣，我歌且谣②。

不知我者，谓我士也骄③。

彼人是哉④，子曰何其⑤？

心之忧矣，其谁知之？

其谁知之，盖亦勿思⑥！

园有棘⑦，其实之食。

心之忧矣，聊以行国⑧。

不知我者，谓我士也罔极⑨。

【注释】

①殽：同"肴"，食。其实之殽，即"肴其实"。

②歌、谣：指没有乐器伴奏的歌唱形式。

③士：古代对知识分子或一般官吏的称呼。

④彼人：那人，指朝廷执政者。是：对，正确。

⑤子：你，即作者。何其：为什么。其，语气词。

⑥盖：同"盍"，何不。

⑦棘：酸枣树。

⑧聊：姑且。行国：离开城邑，周游国中。"国"与"野"相对，指城邑。

⑨罔极：无中正之道。

诗经·召南·摽有梅（节选）

摽有梅①，其实七兮②。

求我庶士③，迨其吉兮④。

摽有梅，其实三兮。

求我庶士，迨其今兮。

摽有梅，顷筐塈之⑤。

求我庶士，迨其谓之⑥。

【注释】

①摽（biào）：落下。梅：梅树的果实，称酸果，即酸梅子。陆玑《毛诗草木鸟兽虫鱼疏》："杏类也。"

②七：七成。

③庶士：许多男子。

④迨（dài）：及，趁着。

⑤墍（jì）：取。

⑥谓：说。

诗经·小雅·信南山（节选）

中田有庐①，疆埸有瓜，

是剥是菹②，献之皇祖③。

曾孙寿考，受天之祜④。

祭以清酒，从以骍牡，享于祖考。

执其鸾刀⑤，以启其毛，取其血膋⑥。

是烝是享，苾苾芬芬⑦。

祀事孔明⑧，先祖是皇⑨。

报以介福⑩，万寿无疆。

【注释】

①庐：通"芦"，指萝卜。

②菹（zū）：腌渍。

③皇祖：先祖的美称。

④祜（hù）：福。

⑤鸾（luán）刀：刀环有铃的刀，古代祭祀时割牲用。

⑥膋（liáo）：泛指脂肪。

⑦苾苾（bì bì）：香气。

⑧明：如"洁"。

⑨皇：归。

⑩介福：大福。

琳琅满目的粮食谷物

不管是古代还是现代，人们的一日三餐都离不开主食。将粮食播种到地里已是非常不容易，收割回家的过程也蕴含着丰收的艰辛，且粮食的加工也并非朝夕之功。那么，先秦时期的粮食种类究竟有哪些？人们又是如何将五谷杂粮幻化为餐桌上的美味佳肴呢？

《诗经》真切地记载了先秦时期的二十多种粮食作物的名称，尽管其中不乏同名异物或同种异名的现象。细细考究，《诗经》所提及的粮食作物实则归纳为六种精华：粟、黍、菽、麦、稻、麻，它们构成了当时饮食文化的基石。《小雅·甫田》中写道"黍稷稻粱，农夫之庆"；《王风·黍离》中描绘了"彼黍离离，彼稷之穗"；而《鄘风·载驰》中则写道："我行其野，芃芃其麦"，都描绘了谷物生长的场景。而且随着农业的发展，

粮食加工技术不断提高，先民对食物的烹调手段也日
益精巧，达到了相当高的水平。

诗经·小雅·甫田（节选）

曾孙之稼，如茨如梁①。

曾孙之庾②，如坻如京③。

乃求千斯仓，乃求万斯箱。

黍稷稻粱④，农夫之庆。

报以介福，万寿无疆。

【注释】

①如茨：粮食像屋顶和桥梁。茨，屋盖。形容圆形之谷堆。
梁，本指桥梁，因桥梁呈隆起状，故此以形容长形谷堆。

②庾：露天粮囤。

③如坻（chí）如京：形容谷物多。坻，水中高地；京，高丘。

④黍稷稻粱：古代主要的农作物，也泛指五谷。

诗经·周颂·思文

思文后稷①，克配彼天②。

立我烝民③，莫匪尔极④。

贻我来牟⑤，帝命率育⑥。

无此疆尔界⑦，陈常于时夏。

【注释】

①思文："思"为语气助词。文，指文德。后稷：周人的始祖，发明播种百谷。

②克：能。

③立：假借为"粒"，谷粒。《郑笺》："当作粒。昔尧遭洪水，黎民阻饥，后稷播殖百谷，烝民乃粒，万邦作乂。"烝民：众民。

④极：至德。

⑤贻：遗留。来牟："来"是小麦，"牟"是大麦。

⑥率育：普遍养育。

⑦疆、界：都是指疆域。

诗经·小雅·黄鸟

黄鸟黄鸟①，无集于榖②，无啄我粟③。

此邦之人，不我肯榖④。言旋言归⑤，复我邦族⑥。

黄鸟黄鸟，无集于桑，无啄我梁。

此邦之人，不可与明⑦。言旋言归，复我诸兄。

黄鸟黄鸟，无集于栩⑧，无啄我黍。

此邦之人，不可与处。言旋言归，复我诸父。

【注释】

①黄鸟：黄雀。

②榖：树名，楮树、构树。

③粟：谷子，去糠叫小米。

④穀（gǔ）：善，善良。

⑤言：语气助词，犹"乃"。旋、归：即还归。

⑥复：返回。邦族：邦国家族。

⑦明：通"盟"，这里有信用结盟之意。

⑧栩（xǔ）：柞木。

诗经·大雅·生民（节选）

诞降嘉种①，

维秬维秠②，

维穈维芑③。

恒之秬秠④，

是获是亩⑤。

恒之穈芑，

是任是负⑥，

以归肇祀⑦。

【注释】

①降：赐予。

②维：是。秬（jù）：黑黍。秠（pī）：麦子。

③穈（mén）：赤苗，红米。芑（qǐ）：白苗，白米。

④恒（gèn）：通"亘"，遍、满。

⑤获：收割。亩：堆在田里。

⑥任：如"抱"。

⑦肇祀：开始祭祀。

诗经·大雅·泂酌

泂酌彼行潦①，挹彼注兹②，可以饙饎③。

岂弟君子，民之父母。

泂酌彼行潦，挹彼注兹，可以濯罍。

岂弟君子，民之攸归。

泂酌彼行潦，挹彼注兹，可以濯溉。

岂弟君子，民之攸塈④。

【注释】

①泂（jiǒng）：远。行潦（lǎo）：路边小水沟中的积水，又称流潦。

②挹（yì）彼注兹：此句是说舀上水在这个器皿里。挹，舀；彼，指行潦；注，倒下；兹，此，指盛水的器皿。

③饙（fēn）：蒸。饎（chì）：酒食。

④塈：休息。

肉食爱好者的滋味世界

在远古的时代，肉食不仅是滋养身心的美味佳肴，更是身份与地位的象征。据《礼记·王制》记载："诸侯无故不杀牛，大夫无故不杀羊，士无故不杀犬豕，庶人无故不食珍。"可见，在周朝时期，对于肉的分配有着极为严格的规定。牛羊的价值远超于猪，尤其是牛，作为农耕社会的核心生产工具，其在肉食中的珍贵程度自不待言。唯有位居高位的统治阶层，方能遵循礼制，尽享这些珍稀美味的馈赠。相比之下，寻常百姓的日常餐桌，则更多以朴素的蔬菜为主。

《诗经》中对肉食的描述尤为丰富，其中以牛、羊、猪为最重要，它们被称为"三牲"。虽然鸡、犬、马等动物也时常被提及，但大多数情况下并未明确指出其为食物。《周颂·我将》中有"维羊维牛，维天其右之"、《小雅·信南山》中的"祭以清酒，从以骍牡"，这些诗句无不彰显了牛、羊在肉食文化中的显赫地位，尤其是它们在祭祀与贵族宴饮中的不可或缺。值得注意的是，《大雅·公刘》中的"执豕于牢，酌之用匏"描绘了养猪的场景，说明猪在先秦时期已被人工圈养。至于肉类的烹饪方法，《诗经》中烤、烧、蒸等技法屡见不鲜，如《大雅·生民》所描述的"烝之浮浮"。

总的来说，先秦时期的肉食文化不仅反映了当时的饮食习惯，也通过肉食的献祭和享用，传递了对神灵的崇敬与对祖先的缅怀。它如同一扇窗，揭示了社会结构与等级制度的特点。这种独特的文化现象，既体现了古人的智慧，也为我们今天的研究提供了宝贵的历史资料。

诗经·小雅·瓠叶（节选）

有兔斯首^①，炮之燔之^②。

君子有酒，酌言献之^③。

有兔斯首，燔之炙之^④。

君子有酒，酌言酢之^⑤。

有兔斯首，燔之炮之。

君子有酒，酌言酬之^⑥。

【注释】

①斯首：白头。朱熹《诗集传》："有兔斯首，一兔也。犹数鱼以尾也。"

②炮：以泥裹带毛肉用火烧。燔（fán）：将食物直接放在火上烤。

③献：主人向宾客敬酒曰献。

④炙（zhì）：用叉子叉着肉在火上烤。

⑤酢（zuò）：客饮主人所献酒后，向主人回敬酒叫"酢"。

⑥酬：劝酒。

诗经·鲁颂·閟宫（节选）

秋而载尝^①，夏而楅衡^②。

白牡骍刚^③，牺尊将将^④。

毛炰胾羹⑤，笾豆大房⑥。

万舞洋洋⑦，孝孙有庆⑧。

俾尔炽而昌⑨，俾尔寿而臧⑩。

保彼东方，鲁邦是常。

不亏不崩，不震不腾。

三寿作朋⑪，如冈如陵。

【注释】

①载：始。尝：秋祭名。

②楅（bī）衡：意为修牛栏。

③白牡：白色的公猪。骍（xīng）刚：红色的公牛。

④牺尊：牛角杯。将将（qiāng）：即"锵锵"，杯相碰的声音。

⑤毛炰（páo）：去毛烧烤动物，这里指烧熟的小猪。胾（zì）羹：用肉块煮的汤。

⑥笾豆：古代盛食物的器具。大房：大杯。

⑦万舞：周天子宗庙舞名。洋洋：场面盛大貌。

⑧孝孙：指僖公。

⑨尔：指僖公。炽：盛。昌：兴旺。

⑩臧：善，安好。

⑪三寿：古代上寿为九十岁，中寿为八十岁，下寿为七十岁。

佳酿蕴香中的诗酒风雅

　　我国酒文化源远流长，与文学的深厚渊源可追溯至先秦时期的悠悠岁月。在这漫长的时光里，《诗经》中的饮酒诗篇是尤为显著的代表。据统计，《诗经》中直接或间接提及酒的篇章六十首左右，占据了全书近六分之一的篇幅。在先秦时期，无论是庄严的祭祀、盛大的宴请，还是日常的琐碎生活，酒都如影随形，扮演着不可或缺的角色。它不仅仅是一种饮品，更是一种文化的载体。

　　与现代饮酒的随意和洒脱不同，先秦时期的人们对待酒的态度充满了敬畏与神圣。周王深信天帝造酒的初衷并非仅为凡人所享用，更是为了敬献天地神灵，缅怀先人。因此，在《诗经》中诸多涉及酒的表述往往与祭祀仪式紧密相连，表露出礼仪之邦的深厚底蕴。如《周颂·丰年》中所载"为酒为醴，烝畀祖妣"，又如《大雅·旱麓》云"清酒既载，骍牡既备"，都寄托了对天地的虔诚与祈愿。

　　此外，《诗经》还有描绘古人以酒宴客之情景的宴酒诗，《小雅·鹿鸣》便有佳句"我有旨酒，以燕乐嘉宾之心"，生动勾勒出宾主间互致寒暄、相互赞美的和谐画面。由此可见，当古人酒意盎然之际，亦会即兴吟咏诗歌。酒意浓时，诗人们挥洒自如，任情歌呼。通过《诗经》，我们得以窥见早期中国诗酒交融的风雅社会生活。

诗经·小雅·南有嘉鱼（节选）

南有嘉鱼[①]，烝然罩罩[②]。

君子有酒，嘉宾式燕以乐。

南有嘉鱼，烝然汕汕[③]。

君子有酒，嘉宾式燕以衎[④]。

南有樛木[⑤]，甘瓠累之[⑥]。

君子有酒，嘉宾式燕绥之。

翩翩者鵻[⑦]，烝然来思[⑧]。

君子有酒，嘉宾式燕又思。

【注释】

①南：指南方长江、汉水等河川。嘉鱼：美好的鱼。

②罩罩：用多罩来捉鱼。

③汕汕：用众抄网捕鱼。

④衎（kàn）：乐。

⑤樛（jiū）木：形状弯曲的树木。

⑥瓠（hù）：葫芦，蔓生。

⑦鵻（zhuī）：一种鸟类，斑鸠。

⑧烝：众。思：语气词。下同。

诗经·周颂·丰年（节选）

丰年多黍多稌①，亦有高廪②，万亿及秭③。

为酒为醴，烝畀祖妣④。以洽百礼，降福孔皆⑤。

【注释】

①黍、稌（tú）：黍子与稻子。

②高廪：高大的粮仓。

③万亿及秭（zǐ）：万万为亿，亿亿为秭。这里是指收获很多。

④烝：献。畀：给予。祖妣：指男女祖先。

⑤皆：通"嘉"。

诗经·小雅·伐木（节选）

伐木于阪，酾酒有衍①。

笾豆有践，兄弟无远。

民之失德，干糇以愆②。

有酒湑我③，无酒酤我④。

坎坎鼓我，蹲蹲舞我⑤。

迨我暇矣，饮此湑矣。

【注释】

①衍：美好的样子。

②糇（hóu）：干粮。愆：过错。

③湑（xǔ）：过滤后的酒。

④酤：买酒。

⑤蹲蹲（cún）：跳舞的样子。

诗经·大雅·行苇（节选）

曾孙维主，酒醴维醹①，

酌以大斗②，以祈黄耇③。

黄耇台背④，以引以翼⑤。

寿考维祺，以介景福。

【注释】

①酒醴：泛指酒。醹（rú）：酒的味道醇厚。

②斗：舀酒的器皿。

③黄耇（gǒu）：指长寿。黄，指老人的黄发；耇，老。

④台背："台"通"鲐"，指的是鲐鱼，因为鲐鱼背上有斑点，用来比喻老年人背上的老年斑。

⑤引：牵引。翼：辅助，扶持。指引、扶老人。

诗经·大雅·江汉（节选）

"釐尔圭瓒①，秬鬯一卣②。

告于文人，锡山土田。

于周受命，自召祖命。"

虎拜稽首③："天子万年！"

①釐：通"赉"，赏赐。圭瓒：玉柄酒勺。

②秬（jù）：黑黍。鬯（chàng）：郁金香草。此指用黑黍与郁金香草酿成的酒。卣（yǒu）：盛酒器，似壶，有曲柄。

③拜稽首：行跪拜礼。

生活中的饮食思礼

在《诗经》的篇章中，食物原料的丰富与多样、加工方法的繁复以及烹饪技艺之精湛，皆昭示着古代人们在饮食方面已超越了单纯的生存需求。他们更是精心发展了一套饮食制度和礼仪规范，赋予了其规范化、制度化的特征。《周礼》中提及的"六食""六饮""六膳""百馐""百酱""八珍"等概念，对食品的功能、进食的顺序、适宜的场合与季节等均有详尽的规定和要求，反映出饮食不仅要顺应时令，合乎健康之道，更要遵循礼节之序。孔子，这位《诗经》的编纂者，亦将饮食与个人修养紧密相连，其在《论语·乡党》中关于"色恶，不食。臭恶，不食。失饪，不食。不时，不食"以及"食不语，寝不言"的记载，无不彰显出其对"礼"的恪守，无不彰显出他对"礼"的深厚理解和崇高敬意。

《诗经》所描绘的饮食礼仪，涵盖了祭祀与宴饮两大庄严而隆重的仪式，每一环节都遵循着固定的程序和严格的规定。《豳风·七月》与《小雅·楚茨》便详细记录了祭祀时的献食礼仪，其中进献者需以极其恭敬的态度烹制牛羊，通过燔烤或炙烤的方式，祈求神明的庇护。此外，先民们（尤其是贵族阶层）在举行各类社会活动时，宴饮成为一种不可或缺的社交形式，进而衍生出了"客食之礼、待客之礼、侍食之礼、丧食之礼、进食之礼、侑食之礼、宴饮之礼"等一系列精细入微的饮食礼仪规范。《小雅·宾之初筵》与《大雅·行苇》等诗篇，便生动描绘了贵族们的宴饮盛况。总而言之，饮食礼仪既源自日常生活的实践积累，同时又反过来规范和塑造了饮食行为。它像一根无形的纽带，将古代人的生产生活和思想紧密地联系在一起，形成了一种独特的文化现象。

诗经·小雅·楚茨（节选）

济济跄跄①，絜尔牛羊②，以往烝尝③。

或剥或亨，或肆或将。

祝祭于祊④，祀事孔明。

先祖是皇，神保是飨⑤。

孝孙有庆，报以介福，万寿无疆！

日·细井徇 《诗经名物图解》

日·细井徇 《诗经名物图解》

日·细井徇 《诗经名物图解》

日·细井徇 《诗经名物图解》

执爨踖踖⑥，为俎孔硕⑦，或燔或炙。

君妇莫莫⑧，为豆孔庶。

为宾为客，献酬交错⑨。

礼仪卒度⑩，笑语卒获。

神保是格，报以介福，万寿攸酢！

我孔熯矣⑪，式礼莫愆⑫。

工祝致告⑬：徂赉孝孙⑭。

苾芬孝祀⑮，神嗜饮食，卜尔百福⑯。

如几如式，既齐既稷⑰，既匡既敕⑱。

永锡尔极⑲，时万时亿⑳！

礼仪既备，钟鼓既戒㉑，孝孙徂位㉒。

工祝致告："神具醉止㉓。"

皇尸载起，鼓钟送尸，神保聿归㉔。

诸宰君妇，废彻不迟㉕。

诸父兄弟，备言燕私。

乐具入奏，以绥后禄。

尔肴既将，莫怨具庆。

既醉既饱，小大稽首。

神嗜饮食，使君寿考。

孔惠孔时，维其尽之。

子子孙孙，勿替引之！

【注释】

①济济：众多的样子。跄（qiàng）跄：走路有节奏的样子。

②絜：同"洁"，即洗干净牛羊以供祭祀用。

③烝尝：冬祭祖先曰"烝"，秋祭祖先曰"尝"，此处泛指祭祀。

④祊（bēng）：宗庙门内设祭坛之处。

⑤神保：代替神灵受祭祀的人，也就是祭祀用的尸体。

⑥执爨（cuàn）：做饭的人。爨，就是今天的厨房。踖踖（jí）：形容做饭的人敏捷。

⑦俎：古代祭祀用的礼器。

⑧君妇：天子或者诸侯妻。

⑨献酬交错：主人向客人敬酒称之为"献"，主人先自饮再劝宾客饮称之为"酬"。

⑩卒度：指都合乎法度。卒，尽；度，法度。

⑪熯（rǎn）：尊敬恐惧。

⑫式：法。礼：礼仪。莫愆：没有差错。

⑬工祝：祭祀的官员。

⑭赉（lài）：赐予。

⑮苾（bì）芬：香气浓郁。

⑯卜：赐予。

⑰齐：同"斋"，庄重恭敬貌。稷：敏捷。

⑱匡：匡正。敕：严肃正式。

⑲锡：同"赐"。极：至。指最好的福气。

⑳时：如同"是"，此处指福。

㉑戒：戒备警觉。

㉒徂位：到位，指祭毕主人归回原位。

㉓具：俱，全。

㉔聿：语气词。

㉕彻：通"撤"，撤去、除掉。

诗经·小雅·宾之初筵（节选）

宾之初筵①，左右秩秩②。

笾豆有楚③，殽核维旅④。

酒既和旨，饮酒孔偕⑤。

钟鼓既设，举酬逸逸⑥。

大侯既抗⑦，弓矢斯张⑧。

射夫既同，献尔发功⑨。

发彼有的，以祈尔爵。

【注释】

①初筵：指的是宾客首次就座的时刻。筵，竹制的席子。在古代，宴席是设置在地面上的，而客人则是坐在地上。

②秩秩：描述的是一种庄重且有序的外观。

③笾（biān）、豆：古代的餐具名称。楚：行列齐整貌。

④殽：菜肴，指餐具中所盛的鱼肉等菜肴。

⑤孔偕：手持酒杯共饮，所有的礼仪都和谐统一，秩序井然。孔，甚；偕，指的是相同的意思。

⑥酬：与"酬"相同的是敬酒，此处是指举杯劝饮。逸逸：与"绎绎"相似，指的是人与人之间不断的交往。

⑦大侯：指箭靶。抗：举起。

⑧斯：语气词。

⑨献：犹"奏"，表现。发：射箭。功：本领。这里有功力、技能之意。

《楚辞》中的珍馐美食

大自然的丰富馈赠

《诗经》以其质朴的笔触，勾勒出北方黄河流域的饮食风貌，而《楚辞》则以其绚烂多彩的篇章，描绘了南方长江流域的饮食文化。细读《楚辞》，不难发现楚地饮食与中原地区相比，呈现出别具一格的差异性，且在丰富性和新奇性上更胜一筹。这种差异的形成，既源于战国后期楚国经济的蓬勃发展，使得其饮食文化亦随之达到鼎盛；也与楚国得天独厚的地理环境及深厚的民情风俗息息相关。

楚人在日常生活中对饮食的追求可谓达到了极致。他们善于利用当地的自然资源，将大自然的馈赠转化为餐桌上的佳肴。《楚辞》中频繁出现的山珍野味，如各类菌菇、野菜等，不仅展现了楚地独具特色的食材选择，更折射出楚人对于饮食文化的独到见解和匠心经营。这种饮食文化，既融合了南方少数民族的生活

色彩，又彰显了楚人丰富多彩的生活态度和对美食的
无限热爱。

楚辞·九叹·逢纷（节选）

芙蓉盖而菱华车兮[1]，紫贝阙而玉堂[2]。

薜荔饰而陆离荐兮[3]，鱼鳞衣而白蜺裳。

【注释】

①菱（líng）：通"菱"，一种植物，生在水中，夏天的时候
开花。

②阙：皇宫前方两侧的建筑，中央设有通道。玉堂：这是
一座由玉石装饰的宫殿，后来通常指代宫殿。

③薜荔（bì lì）：是一种植物的名称。茎直立或斜生于地上，
叶腋间生小浆果，成熟时呈黄色至橙红色。也叫作木莲。

楚辞·七谏·自悲（节选）

居不乐以时思兮，食草木之秋实。

饮菌若之朝露兮[1]，构桂木而为室[2]。

【注释】

①菌若：一种植物，香草。

②构：建筑。

楚辞·七谏·谬谏（节选）

要褭奔亡兮①，腾驾橐驼②。

铅刀进御兮③，遥弃太阿④。

拔搴玄芝兮⑤，列树芋荷⑥。

橘柚萎枯兮，苦李旖旎⑦。

【注释】

①要褭（niǎo）：一种马的名称。

②橐（luò）驼：也就是我们今天的骆驼。橐，同"骆"。

③铅刀：钝的刀，比喻资质迟钝。

④太阿（ē）：古代的一把名剑，春秋时期欧冶子、干将所铸造的。

⑤拔搴（qiān）：拔取。玄芝：黑灵芝。

⑥芋荷：芋头。

⑦旖旎（yǐ nǐ）：用来形容枝叶柔美貌。

各种调料大显神通

　　在中华大地之上，每一寸土地都孕育了独有的文化与习俗。先秦时期的荆楚地区，便在长江的滋养下，孕育出了别具一格的饮食文化。它北接黄河流域，那里的人们偏爱咸味；东邻吴越，甜味是其饮食的灵魂；西靠巴蜀，辛辣则是调味中不可或缺的灵魂。荆楚之地，如一位博采众长的智者，将周边的饮食风味融会贯通，形成了"五味调和"的独特口味。

　　《楚辞·招魂》中有云："大苦咸酸，辛甘行些。"这反映出战国时期荆楚人对于"苦、咸、酸、辛辣、甘"五种味道的深刻洞察，更强调了这些味道需和谐共融，方能达到五味调和的美妙境界。在那个没有现代化学调料的时代，所有的调味智慧均源自大自然本身。楚地的潮湿炎热气候，使得食物易变质发酸，却也意外地成为了楚人获取酸味的天然来源。这一巧妙转化，在《招魂》与《大招》中"大苦醎酸""和酸若苦""吴酸蒿蒌"的反复提及中得以彰显。

　　再者，荆楚夏季闷热，苦味不仅能去暑解湿，还能带来一丝清凉，如《楚辞·大招》中所记载的"醢豚苦狗"，暗示着楚人利用动物胆汁作为苦味的来源。而《楚辞·招魂》中"有柘浆些"的记载，更被学界认为是我国文献中甘蔗出现的最早文字记录，显示了楚人对甜味的追求与创新。此外，申椒、菌桂等香料的广泛运用，无疑为楚地的调味品增添了更为丰富的层次与风味，使得荆楚饮食文化更加多姿多彩。

楚辞·离骚（节选）

揽木根以结茝兮①，贯薜荔之落蕊②。

矫菌桂以纫蕙兮③，索胡绳之纚纚④。

謇吾法夫前修兮⑤，非世俗之所服。

虽不周于今之人兮⑥，愿依彭咸之遗则⑦。

【注释】

①揽（lǎn）：握持，抓住。木根：兰槐的根部。

②薜（bì）荔：一种植物，又称木莲。蕊（ruǐ）：花的中心部分。

③矫：有三解：一释为举；二释为直，即使之直的意思。三释为搓揉使柔软而易于缝纫。菌桂：一种香木，就是今天的肉桂，桂属中的一种。

④索：拉紧。胡绳：一种香草名。纚纚（xǐ）：长而下垂的样子。

⑤謇(jiǎn)：为楚地方言，发语词。前修：如同前贤。

⑥周：和谐，调和。

⑦彭咸：王逸《楚辞章句》："彭咸，殷贤大夫，谏其君不听，自投水而死。"之后各家释彭咸者都沿袭这种说法。

楚辞·离骚（节选）

杂申椒与菌桂兮①，岂惟纫夫蕙茝②！

彼尧舜之耿介兮③，既遵道而得路④。

何桀纣之猖披兮⑤，夫唯捷径以窘步⑥。

惟夫党人之偷乐兮⑦，路幽昧以险隘⑧。

【注释】

①杂：兼有。申椒：花椒。

②惟：只，仅仅。蕙茝(zhǐ)：都是香草的名称。

③耿介：正直圣明。

④遵道而得路：此处表达的是一种理想化的政治理念，意味着只有遵循正道，才能找到正确的人生或治国之路。遵，循；道，正途；路，大道。

⑤猖披：狂妄自大、行为放荡不羁。

⑥捷径：指近便的小路，这里比喻不循正轨而贪便图快的做法。窘(jiǒng)：困窘，窘迫。

⑦夫：彼。党人：朋党。偷乐：贪图享乐。一作"苟且偷安"解。

⑧幽昧(mèi)：昏暗的样子。险隘(ài)：危险狭隘。

"鱼"之大，一锅炖不下

"湖广熟，天下足。"荆楚之地，长江如玉带轻轻环绕，湖泊如镜，点缀其间，共同织就了一幅水乡泽国的画卷。楚地物产丰饶，自古便被誉为我国著名的鱼米之乡。据《汉书·地理志》所载："楚有江汉川泽山林之饶；江南地广，或火耕水耨。民食鱼稻，以渔猎山伐为业。"更有《楚人献鱼》记载："楚人有献鱼楚王者曰'今日渔获，食之不尽，卖之不售，弃之又惜，故来献也'。"由此可见，楚地河鲜之丰富，令人叹为观止。如今，荆门的饮食文化亦继承了楚人讲究鲜美的烹饪特点。

楚人因地制宜，靠水吃水，饮食中自然少不了河鲜。他们擅长运用调味料，精于烹制淡水鱼。《楚辞》中所记载的河鲜种类繁多，而鲟鱼、大鳖等体型硕大的鱼类多次出现，足以证明楚人对大鱼的独特偏爱。此外，我们还可以大胆猜测，或许身为楚国人的老子正是品尝过了楚地山珍河鲜的原味，才会有"味无味"如此入木三分的体会，才将治理国家以"烹小鲜"对比的细腻与耐心。

楚辞·九怀·通路（节选）

天门兮墬户^①，孰由兮贤者^②？

无正兮溷厕^③，怀德兮何睹^④？

假寐兮愍斯^⑤，谁可与兮寤语^⑥？

痛凤兮远逝，畜鸩兮近处^⑦。

鲸鲟兮幽潜^⑧，从虾兮游陼^⑨。

【注释】

①墬：古代与"地"字相通的用法，指地面或土地。户：这里单扇的门，也泛指房门。

②孰由兮贤者：也就是"贤者何由"，贤人究竟应该走哪条路呢？

③无正：不正之人，也就是奸邪小人。溷厕：胡乱错杂地置身于其中，乱世之义。

④怀德：怀有德行之人。

⑤假寐：和衣而睡。

⑥寤语：即面对面说话。寤，即"晤"，面对面的意思。

⑦畜：养殖。鸩（yàn）：小鸟。

⑧鲟（xún）：一种鱼。

⑨从虾：从鱼之虾。王泗源《楚辞校释》、聂石樵《楚辞新注》主此说。从，跟从、随从。陼：同"渚"，水中的小洲，洪兴祖引一本即作"渚"。

楚辞·大招（节选）

炙鸹烝凫^①，黏鹑陈只^②。

煎鰿臛雀^③，遽爽存只^④。

魂乎归来！丽以先只^⑤。

【注释】

①炙（zhì）：烤。鸹（guā）：一种鸟的名称。烝：同"蒸"，用火烘烤使之熟。凫：野鸭子。

②黏（qián）：古代祭祀用肉沉于汤中使半熟；也泛指煮肉。鹑：鸟，鹌鹑。

③鰿（jì）：鲫鱼。臛（huò）：用汤煮，做成肉羹，不加菜。

④遽爽：十分爽口。

⑤丽：这里指美味。

善于吃鸟的楚国人

在楚地的饮食文化中，飞鸟之于家禽、野兽乃至水产，皆显示出了它们的独特优势。无论是从其种类的丰富多样，还是在日常餐桌上的频繁登场，都可见飞禽在楚地饮食中举足轻重的地位。《大招》与《招魂》，便生动地记载了天鹅、野鸭、大雁、白鸽、仙鹤、乌鸦、鹌鹑、黄雀等众多飞禽的身影，更不乏对它们烹饪手法和所成佳肴的详细叙述。

以《大招》为例，文中不仅提到了"内鸧鸽鹄"，其中"鸧"乃指一种形态介于雁与鹤之间，羽毛呈青黑色的珍稀鸟类；"鸽"即野生的鸽子；"鹄"则是近似天鹅的一种大型水鸟。这些飞禽在文中都被赋予了"肥美"的赞誉。《大招》中还有"炙鸹烝凫，黏鹑陈只。煎鰿臛雀，遽爽存只"之句，更是将野鸭、鹌鹑等禽类的烹饪艺术展现得淋漓尽致。这其中不仅有煎烤之法，亦有蒸煮之艺。

楚辞·大招（节选）

五谷六仞①，设菰粱只②。

鼎臑盈望③，和致芳只④。

内鸧鸽鹄⑤，味豺羹只⑥。

　魂乎归来！恣所尝只。

鲜蠵甘鸡⑦，和楚酪只⑧。

醢豚苦狗⑨，脍苴蓴只⑩。

吴酸蒿蒌⑪，不沾薄只⑫。

　魂兮归来！恣所择只。

炙鸹烝凫⑬，黏鹑陈只⑭。

煎鰿臛雀⑮，遽爽存只⑯。

　魂乎归来！丽以先只。

【注释】

①仞（rèn）：古代长度单位，周制八尺。《说文》云："仞，伸臂一寻八尺也。"

②菇（gū）粱：即菇米，可以煮食。

③鼎：古代人们烹煮食物用的器物，盛行于商、周。其用法主要为宗庙祭祀和蒸煮食物。多为青铜所制。

④和致芳：调和五味，使食物芳香。

⑤肭：同"朒"，指鸟肉肥美。鸧：即麋鸧，一种类似鹤的鸟类，身体呈苍青色，亦称作"鸧鸹"。鹄：即天鹅。

⑥味：调和味道。豺（chái）：俗名豺狗。

⑦蠵（xī）：海里的大龟，身体长约一米，四肢呈桨状，吃鱼虾等，卵可食，龟甲可以入药。

⑧酪（lào）：乳浆。

⑨豚（tún）：小猪。苦：用胆调和肉酱以使苦。

⑩脍（kuài）：细切。苴蓴（jū pò）：一种植物，具体指的是蘘荷，它是一种多年生的草本植物，属于蘘荷科。蘘荷的嫩根和花序不仅可供食用，还具有一定的药用价值。

⑪吴酸：吴地人调和酸咸，腌渍菜肴。蒿蒌（hāo lóu）：蒿，为草名。有白蒿、青蒿等多种。蒌，又称"白蒿"，多年生草本植物，生水中，嫩芽叶可食。

⑫不沾薄：指味道不浓不淡正好。沾，多汁。薄，无味。

⑬鸪（guā）：一种鸟的名称，乌鸦的俗称。烝：同"蒸"，

用火蒸熟。凫：野鸭子。

⑭黏（qián）：古代祭祀用肉沉于汤中使半熟；也泛指煮肉。

鹑：鸟，鹌鹑。

⑮鲫（jì）：鲫鱼。臛（huò）：用汤煮，做成肉羹，不加菜。

⑯遽爽：十分爽口。

楚辞·招魂（节选）

胹鳖炮羔①，有柘浆些②。
鹄酸臑凫③，煎鸿鸧些④。

【注释】

①胹（ěr）：煮。炮（páo）：烧烤。

②柘（zhè）浆：蔗浆，糖浆。柘，通"蔗"。

③鹄：天鹅，类似雁但更大，羽毛雪白，脖颈比较长，能高飞。臑（juǎn）凫：用少量汁水烹制凫肉。臑，少汁；凫，野鸭。

④鸿：大雁。

备受楚人欢迎的零食

先秦时期是荆楚小吃的发端之时。彼时，智慧的先民以匠心独运，创造出琳琅满目的精致小食，它们不仅是日常消遣的佳品，更在盛宴与深夜的灯火中，扮演着举足轻重的角色，见证了那个时代的生活风貌。

《楚辞》这部穿越千年的文学瑰宝，便记载了"粔籹"与"蜜饵"等佳肴。这些美食，曾是楚王宫筵席上的精致点心。"粔籹"，即古代的膏环，按照《齐民要术·饼法》的描述，其制作工艺颇为讲究，取秫稻米屑，以水和蜜调和，使其质地滑润如汤饼面，再手工捏制成团，长约八寸，两端相对弯曲，最终以膏油煎制而成，这便是今日馓子的古老原型。而"蜜饵"，则是以糯米与大米为基础，加入蜂蜜混合而成，其质地柔软而口感细腻，鄂湘等地俗称为"团子"，正是现代"甜麻花""蜜糖团子"等糕点的原始形态。

　　《周礼·春官》中亦有所记载："羞笾之实，糗饵、粉粢"，汉代郑玄注解道："糗，乃熬熟之米，捣碎成粉也。"宋代的《东京梦华录》更是记载了冬月虽大风雪阴雨，夜市仍旧热闹非凡……糍糕、团子、盐豉汤等食品尤为盛行。由此可见，荆楚小吃的历史底蕴何其深厚。除此之外，怅惶、椒糈等零食，同样深受楚人的喜爱与追捧。

楚辞·招魂（节选）

粔籹蜜饵①，有怅惶些②。

【注释】

①粔籹（jù nǔ）：古代的一种食品。以蜜和米面，搓成细条，

组之成束，扭作环形，用油煎熟，犹今之馓子。蜜饵（ěr）：甜味的糕饼。

②饻馍（zhāng huáng）：一种食品，饴糖类。

楚辞·离骚（节选）

欲从灵氛之吉占兮，心犹豫而狐疑。

巫咸将夕降兮①，怀椒糈而要之②。

百神翳其备降兮③，九疑缤其并迎④。

皇剡剡其扬灵兮⑤，告余以吉故。

【注释】

①巫咸：古神巫名，后人加以神化。相传他发明鼓，是用筮占卜的创始者。

②椒糈（xǔ）：亦作"椒稰"，以椒香拌精米制成的祭神的食物。要（yāo）：同"邀"。

③翳（yì）：用羽毛做的华盖。这里名词作动词，遮蔽，障蔽。

④九疑：即九嶷山，在湖南宁远县南。这里指的是九嶷山的神仙。

⑤皇剡剡（yǎn）：皇，大。剡剡，闪烁貌。扬灵：显灵。

楚人也是"奶茶"爱好者

在遥远的先秦时期，楚地人民同样展现出了对"奶茶"饮品的独特钟爱。那时的饮品世界，被清晰地划分为"酒"与"浆"两大阵营。在那个年代，酒文化盛极一时，《楚辞》中便记载了诸多酒的名目，如"酒、沥、醴、糟、酾、酎（即醇酒）以及蜜勺"等，令人目不暇接。在酒的醇香之外，楚地还有着另一番饮品天地，诸如"浆、蔗浆、琼浆、酪、冻饮"等甘美且色泽诱人的非酒精饮品。

其中的"冻饮"更是冰镇之佳品，其受欢迎程度堪比今日人们趋之若鹜的奶茶。屈原在《楚辞·招魂》中描绘了自己在三伏天里逍遥自在的生活情景："挫糟冻饮，酎清凉些"，仿佛让人看见这位楚国诗人，在炽热的夏日中，品尝着从"楚式冰箱"中取出的冰镇饮品，感受到那份透心凉意，顿时诗意盎然。

这并非空穴来风，根据历史文献和考古发掘的证据，向我们展示了古代先民在饮品制冷方面的卓越成就。冰鉴、冰窖、冰室等制冷设施，可谓是现代冰箱的原始形态。由此可见，楚人在饮品探索与创新上的创造力。

楚辞·招魂（节选）

瑶浆蜜勺①，实羽觞些②。
挫糟冻饮③，酎清凉些④。

华酌既陈⑤，有琼浆些⑥。

归来反故室，敬而无妨些。

【注释】

①瑶浆：玉液，指美酒。蜜勺：甜酒。勺，通"酌"，引申为酒。

②羽觞（shāng）：又称羽杯、耳杯，是中国古代的一种盛酒器具。器具外形椭圆、浅腹、平底，两侧有半月形双耳，有时也有饼形足或高足。因其形状像爵，两侧有耳，就像鸟的双翼，故名"羽觞"。

③挫糟：压去酒糟，滤出清酒。糟，做酒剩下的渣子。

④酎（zhòu）：醇酒，经过两次或多次重酿的酒。

⑤华酌：华丽精美的酒斗。酌，酒斗，是古代盛酒的容器。

⑥琼浆：像红玉一样的酒。传说中神仙饮的仙水，代指好酒。琼，红色的玉。

楚辞·大招（节选）

四酎并孰①，不涩嗌只②。

清馨冻饮③，不歠役只。

吴醴白蘗④，和楚沥只⑤。

魂乎归来！不遽惕只。

【注释】

①四酎（zhòu）：精酿四次的美酒。酎，醇酒。

②涩（sè）：滞涩，不顺滑。这里是使喉咙感到苦涩、不顺滑的意思。嗌（ài）：咽喉。

③清馨：此处指酒香清冽。冻饮（yǐn）：冷冻后再饮。

④蘖（niè）：酿酒的曲。

⑤沥（lì）：液体，指酒。

楚国贵族的烹饪录

在楚国贵族的餐桌上，烹饪之法犹如艺术般精致细腻，令人称奇。《招魂》与《大招》两篇文献中，记载了楚国宴席上的烹饪秘籍——"臑"（慢炖）、"炮"（火燎）、"煎"（油烹）、"脍"（细切）、"炙"（火烤）、"粘"（烩煮）以及"烝"（蒸制），每一种技法都描绘得淋漓尽致，仿佛将人带入了一场楚国宫廷的盛宴。透过这些文字，我们仿佛能触摸到两千多年前楚国贵族厨师们的巧手神工，宛如一场历史久远的《舌尖上的味道》楚国版盛宴。

时至今日，"臑""煎""炙""烝""粘"等烹饪方法依然是现代厨房中不可或缺的技艺。特别是蒸煮之法，更是楚地饮食文化的特色之一。直至今日，鄂菜仍然以蒸菜闻名遐迩，其中湖北天门更是被誉为"中国蒸菜之乡"。这一切的成就，离不开古楚人对美食的深刻理解和独到见解，展现了楚人深谙美食之道。

楚辞·招魂（节选）

大苦醎酸①，辛甘行些②。

肥牛之腱，臑若芳些③。

和酸若苦，陈吴羹些。

胹鳖炮羔④，有柘浆些⑤。

鹄酸臇凫⑥，煎鸿鸧些⑦。

【注释】

①大苦：味道非常苦。

②行：味道调和而成。

③臑（ěr）：通"胹"，形容烂熟。若：而。

④胹（ěr）：煮。炮（páo）：烧烤。

⑤柘（zhè）浆：蔗浆，糖浆。柘，通"蔗"。

⑥鹄：天鹅，类似雁但更大，羽毛雪白，脖颈比较长，能高飞。臇（juǎn）凫：用少量汁水烹制凫肉。臇，少汁；凫，野鸭。

⑦鸿：大雁。鸧（cāng）：体型如鹤的一种鸟类，呈青苍色或灰色。

汉赋中的四方味道

汉代饮食中的"碳水"魅力

在汉赋中，"稻"与"麦"是重要的农业象征。水稻，这一中国自古以来便培育的农作物，其历史悠久，至今日仍是餐桌上的重要主食。孔子曾有云："食夫稻，衣夫锦，于女安乎。"可见早在古代，稻米已是人们生活中的一大乐事。汉代时期，稻米的受欢迎程度不减前代："五味虽甘，宁先稻黍。"只是当时，尽管米饭香甜可口，但因产量有限，非寻常百姓家能轻易享用。

相较于稻米，汉代以前中国人对小麦的依赖相对较少，仅作为填饱肚子的次选粮食。秦相张仪曾言："韩地险恶山居，五谷所生非菽而麦，民之食大抵饭菽藿羹。"这反映出在汉代之前，人们对麦的轻视态度，这与麦的食用方式息息相关。昔日的"麦饭"，未经精细处理，往往是连同壳一起蒸煮而成的粗食，口感粗粝。然而，到了汉代，人们终于发现了小麦的正确食用之道，开始将其磨成粉，创造出丰富多样的面食佳肴。蒸制的称为"蒸饼"，炸制的名为"油饼"，煮制的则称作"汤饼"或"煮饼"。自此，人类彻底"驯服"了小麦，小麦也由此"华丽转身"，一跃成为人们餐桌上喜闻乐见的主食之一。

若其厨膳则有华芳重秬①，滍皋香粳②，归雁鸣鵽③，黄稻鲜鱼，以为芍药④，酸甜滋味，百种千名。春卵夏笋⑤，秋韭冬菁⑥。苏蒵紫姜⑦，拂彻膻腥⑧。酒则九酝甘醴⑨，十旬兼清。醪敷径寸⑩，浮蚁若萍。其甘不爽，醉而不酲。（《南都赋》）

【注释】

①厨膳：饮食。华芳：乡名。重秬：黑黍，黍去皮为米，皮与米合称，故曰重。

②滍皋：滍水之泽。滍，古水名，在今河南省境内；皋，沼泽。

③鵽（duò）：鸟名，大如鸽子，出自北方沙漠，肉美。

④芍药：调和五味。高步瀛《文选李注义疏》："以芍药为调和之解为得。"又说，"五味之和，总谓之芍药。"

⑤卵：卵蒜，俗称小蒜。生山泽间，根如鸟卵，十二月及正月掘取食之。笋：竹笋。

⑥韭：韭菜。菁：菜名，即蔓菁，又名芜菁。

⑦苏：草名，即紫苏，又名桂荏。蒵：植物名，即茱萸。

有浓烈香味，可入药。

⑧拂彻：除掉。膻腥：一种难闻的气味。

⑨九酝：酒名，以法为名。

⑩醪敷径寸：浊酒表面集聚一层泡沫。醪，浊酒。敷，布。

会稽之菰①，冀野之粱，潆凌软面②，糅以青粳，珍羞杂遝③，灼烁芳香，此滋味之丽也。子盍归而食之？（《七辩》）

【注释】

①菰：多年生草本植物，生在浅水里，嫩茎称"茭白""蒋"，可做蔬菜。果实称"菰米""雕胡米"，可煮食。

②面：粮食磨成的粉，特指小麦磨成的粉。

③杂遝：纷杂繁多貌。

杂粮也顶半边天——"粟菰菽"

在汉赋的华章之间，关于杂粮的描述屡见不鲜，其中尤以粟——这一平民餐桌上的中流砥柱居多。粟，亦称作谷子或小米，是一种源于华夏大地、拥有悠久种植历史的粮食作物。《盐铁论》中便有"相聚野外，负粟而往"之句，生动勾勒了当时人们的饮食生活。在平民阶层中，粟的出现极为频繁。然而，汉代的达官贵族却显得颇为排斥。通过《西京杂记》中的记载——

丞相公孙弘因食用脱粟之饭而遭受非议，我们可以从中窥见贵族阶层对于食粟的轻视态度。

菰米，是生长于湖泊之中的菰所结之果实脱壳后的种，形似米粒，因雕鸟喜食，故古人亦称之为雕菰米。《西京杂记》卷一记载："太液池边皆是彫胡、紫箨、绿节之类。菰之有米者，长安人谓为彫胡。"雕胡入膳，历史悠久，宋玉赋中早有"烹雕胡之饭"之美谈；七体赋里，胡饭与炙肉相得益彰，被视为当时的绝佳美味。

菽，即大豆，《广雅》中载："大豆，菽也。"大豆的生长条件并不如水稻那般苛刻，即便在土壤不甚肥沃之地也能存活，可作为时令食物和应急口粮。《史记》中张仪向韩王介绍："韩地险恶山居，五谷所生，非菽而麦，民之食大抵饭菽藿羹，一岁不收，民不餍糟糠。"此言道出，在环境恶劣、土地贫瘠之地，菽仍能茁壮成长，不仅生命力顽强，且生长周期短，在灾荒与战争频发的艰难岁月里，人们往往只能依靠食菽来充饥生存。《氾胜之书》中更是倡导"谨计家口数种大豆；率人五亩。此田之本也"。这里便视大豆是收成不佳时期的"保岁备凶年"之上选作物。

粟

女有余布，男有余粟^①，国家殷富，上下交足，故甘露零其庭^②，醴泉流其唐^③，凤凰巢其树，黄龙游其沼，麒麟臻其囿^④，神爵栖其林^⑤。(《羽猎赋》)

【注释】

①粟：一年生草本植物，籽实为圆形或椭圆小粒。北方通称"谷子"，去皮后称"小米"。

②零：如雨一般地降落。

③醴泉：甘甜的泉水。《礼记·礼运》："故天降膏露，地出醴泉。"

④臻：到，到达。《说文》："臻，至也。"囿（yòu）：园林。

⑤神爵：神雀，瑞鸟。

菰

勺药之调，煎炙蒸豚^①。酤以醴醯^②，和以蜜饴。菰粱之饭^③，入口丛流，送以熊蹄^④，咽以豹胎。鲤鲋之脍^⑤，分毫析厘。(《七举》)

【注释】

①豚：小猪。也泛指猪。

②酤（gū）：薄酒；清酒。

③菰（gū）：菰米。多年生草本植物，生在浅水里，嫩茎称

"茭白""蒋"，可做蔬菜。果实称"菰米""雕胡米"，可煮食。梁：特指精细的，小米。

④熊蹢：熊掌。蹢（dí），蹄子。

⑤脍：（kuài）动词词义：把鱼、肉切成薄片。名词词义：细切的肉。《汉书·东方朔传》中："生肉为脍。"

香其为饭①，杂以梗菰，散如细蚑，抟似凝肤。河鼋之羹②，齐以兰梅，芳芬甘旨，未咽先滋。（《七说》）

【注释】

①萁（qí）：豆茎。《汉书·杨恽传》："种一顷豆，落而为萁。"

②羹：用蒸煮等方法做成的糊状食物。

菽

其水则开窦洒流①，浸彼稻田②。沟浍脉连③，堤塍相輴④，朝云不兴，而湟潦独臻⑤。决渫则暵⑥，为溉为陆⑦。冬稌夏穱⑧，随时代熟⑨。其原野则有桑漆麻苎，菽麦稷黍⑩。百谷蕃芜⑪，翼翼与与⑫。（《南都赋》）

【注释】

①窦：孔穴。洒流：分流。

②浸：灌溉。

③沟浍：田间排水的道。脉连：互相连通。

④堤塍：堤坝和田间界路。輵：相连的样子。

⑤湟：积水池。潦：积水很多。

⑥决渫：同"决泄"；排水。暵（hàn）：干枯。

⑦为溉为陆：指种水田种旱田。

⑧稌（tú）：稻。穛（zhuō）：早收的麦稻等谷物。

⑨随时代熟：随着季节而交替成熟。代，交替。

⑩菽：豆类。稷黍：谷物。

⑪蕃芜：茂盛。

⑫翼翼与与：茂盛的样子。

尘世野味的烟火肉香

汉赋中涉及肉类饮食的篇目众多，尤其是在盛大的祭祀或是宴飨场面中，对肉类的描写总是频现于目。彼时的肉类食品主要来源于家畜的饲养和野外狩猎。《盐铁论·散不足篇》中记载，在向山川祈福时，富裕者会"椎牛击鼓"以示敬意，中等人家则"屠羊杀狗"，而贫穷者仅能提供"鸡豕五芳"，这种因财富差异而产生的饮食悬殊，也间接反映了不同牲畜在食用上的等级差异。

除却常见的家畜之外，山野间的各种珍奇野味也是汉代人餐桌上的佳肴。通过汉代的狩猎图以及马王堆汉墓出土的动物骨骼分析可知，当时人们不仅享用鹿、麋、野猪、雉、雀、兔、雁、鹤等传统野味，甚至连虎、豹、熊、狼这样的猛兽也难逃成为佳肴的命运。如王褒《僮约》中提到的"登山射鹿"以供食用，及《淮南子·说山训》中的"鸡知将旦，鹤知夜半，而不免于鼎俎"。张衡《七辩》中亦描述道："于是乃有蒭豢腒牲，麋麝豹胎。飞凫栖鷩，养之以时。审其齐和，适其辛酸。芳以姜椒，拂以桂兰。"由此可见，野生动物作为肉类来源在汉代已广为接受，与先秦时期"斧斤以时入山林"的节制相比，汉代人们的思想观念也有了变化。

杂犹乱丝，聚若委采，蒸翻肥之豚，缹柔毛之羜①，调腬和粉②，糅以橙蒟③。(《七说》)

【注释】

①缹(fǒu)：烹煮、蒸煮。羜(zhù)：出生五个月的小羊。

②腬(shān)：生肉酱。

③蒟(jǔ)：多年生草本植物，地下茎为球状，可食，亦可制淀粉。

命膳夫以大飨，饗饩浃乎家陪①。春醴惟醇，燔炙芬芬②。君臣欢康，具醉熏熏③。……躬追养于庙祧，奉蒸尝与禴祠④。物牲辩省，设其楅衡⑤。毛炰豚胎，亦有和羹⑥。涤濯静嘉，礼仪孔明⑦。万舞奕奕，钟鼓喤喤⑧。灵祖皇考⑨，来顾来飨。神具醉止，降福穰穰⑩。……坐作进退，节以军声。三令五申，示戮斩牲。陈师鞠旅，教达禁成⑪。火列具举，武士星敷⑫。鹅鹳鱼丽，箕张翼舒⑬。轨尘掩远⑭，匪疾匪徐。驭不诡遇，射不剪毛⑮。升献六禽，时膳四膏⑯。（《东京赋》）

【注释】

①命膳夫以大飨，饔饩（yōng xì）浃（jiā）乎家陪：膳夫，厨师；大飨，指天子宴饮诸侯；饔，熟食；饩，肉类，指款待宾客用的美食；浃，遍及；家陪，卿大夫的家臣。

②春醴（lǐ）惟醇，燔（fán）炙芬芬：春醴，春酒；燔炙，烤肉；芬芬，芳香貌。

③熏熏：和悦貌。

④躬追养于庙祧（tiāo），奉蒸尝与禴（yuè）祠：追养，追祭死者；庙祧，祖庙；蒸、尝、禴、祠，指四时祭祀礼。

⑤物牲辩省（xǐng），设其楅（bī）衡：物牲，祭祀之牲畜；辩，通"遍"，全部，省，检查；楅衡，牛角上设的横木，以防伤人。

⑥毛炰（páo）豚胉（bó），亦有和羹：毛炰，指火烧牲畜去毛；豚胉，猪肋肉；和羹，羹汤。

⑦涤濯静嘉，礼仪孔明：将礼仪器具洗涤干净。

⑧万舞奕奕，钟鼓喤喤（huáng）：万舞，古舞名；奕奕，盛大貌；喤喤，鼓声壮大貌。

⑨灵祖皇考：灵祖、皇考，对先祖的尊称。

⑩神具醉止，降福穰穰（ráng）：止，语气词；穰穰，众多貌。

⑪"坐作进退，节以军声。……陈师鞠旅，教达禁成"句：指教授民众军法号令。

⑫火列具举，武士星敷：火列，火把；星敷，如星辰般排列。

⑬鹅鹳（guàn）鱼丽，箕张翼舒：鹅鹳、鱼丽，指天鹅与鹳鸟、鱼群聚集的样子；箕张翼舒，如簸箕般伸张，如羽翼般舒展。

⑭轨尘掩迒（háng）：指车轮扬起的尘土掩盖了车轮痕迹。迒，道路。

⑮驭不诡遇，射不翦毛：诡遇，驱车横射禽兽；翦毛，指伤及猎物羽毛。

⑯升献六禽，时膳四膏：六禽，供膳用的六种禽鸟，一说为雁、鹑、鹌、雉、鸠、鸽；时膳四膏，按照时令供应四种兽肉，即牛、犬、鸡、羊。

于是钦祡宗祈①，燎薰皇天②，招繇泰壹③。举洪颐④，树灵旗。樵蒸焜上，配藜四施⑤。东烛仓海，西燿流沙，北爌幽都，南炀丹厓⑥。玄瓒觩䰞⑦，柜鬯泔淡⑧。肸向丰融，懿懿芬芬⑨。炎感黄龙兮，熛讹硕麟⑩。选巫咸兮叫帝阍，开天庭兮延群神⑪。傧暗蔼兮降清坛⑫，瑞穰穰兮委如山。（《甘泉赋》）

【注释】

①钦：敬。祡：同"柴"，积柴燎而祭天。宗：尊。祈：求福。

②燎熏：谓置牲体、玉币于柴上，燎而熏祭。

③招䍃：一作"招摇"。如淳曰："皋：翠皋也。积柴于翠皋头，置牲玉于其上，举而烧之，欲进天也。"

④洪颐：一种旗名。

⑤"樵蒸焜上"二句：这两句谓燃烧木柴和麻秆，火焰上冲，披离四出。樵，木柴。蒸，麻秆。焜（hùn），火。配藜，披离。

⑥"东烛仓海"四句：烛、耀、炚（huǎng）、炀（yàng）都是照耀的意思。仓海、流沙、幽都、丹崖，分别代指东、西、北、南四方极远之处。

⑦玄瓒：以玄玉为饰的一种勺形祭器，用来盛酒祭祀。觩镠（qiú liú）：形容玄瓒的样子。

⑧秬鬯（jù chàng）：祭祀用的一种香酒。

⑨"肸向丰融"二句：这两句谓秬鬯芬芳盛美。肸（xī）向，散布、弥漫之意。

⑩"炎感黄龙兮"二句：这两句谓光炎熛盛，感动神物。訛，化。硕，大。

⑪"选巫咸兮叫帝阍"二句：这两句设想令巫祝叫呼天门，使打开天庭延请群神。巫咸，古神巫名。阍，门。延，请。

⑫傧：赞礼者。

蔓延迂回的鱼味鲜香

一尾活鱼，一方陶灶，炉火熊熊，顷刻间，鱼的鲜美之气便萦绕迂回于鼻端，食客闻香而动。从古至今，鱼肉的鲜美都是被食客们广为认可的，那么汉代人是否也有这样的口福呢？

事实上，汉代人所享用的水产种类已经相当丰富，包括鱼、龟、蟹、螺等，其中以鱼类的消费量最大，也最为普遍。捕鱼业的兴盛，得益于江河湖海的天然馈赠。而汉代的疆域三面环海，如此得天独厚的地理条件确保了汉代人民拥有丰富的鱼类资源。现已失传的《四月食制》中仅存的残篇便介绍了十余种鱼类的名称、产地及食用方法。其中不仅有常见的黄鱼、子鱼、海牛鱼等淡水鱼类，还有疏齿鱼、斑鱼等海洋鱼类，种类繁多，覆盖面广，足以证明汉代渔产之充裕。

单极滋味，嘉旨之膳，刍豢常珍①，庶羞异馔，鸟鸽之羹，粉粱之饭，涔养之鱼②，脍其鲤鲂③，分毫之割④，纤如发芒，散如绝谷，积如委红。芳甘百品，并仰累重，殊芳异味，厥和不同，既食日晏⑤，乃进夫雍州之梨，出于丽阴，下生芝廲⑥，上托桂林，甘露润其叶，醴泉渐其根，脆不抗齿，在口流液，握之摧沮⑦，

批之离坼⑧，可以解烦悁，悦心意，子能起而食之乎？（《七激》）

【注释】

①刍：动词词义；割草。荄：喂养；饲养。

②涔：水多的样子。《淮南子·说林》："宫池涔则溢，旱则涸。"

③鲂（fáng）：与鳊鱼相似，银灰色，腹部隆起，生活在淡水中。经济鱼类之一。

④分毫：形容极细微或极少量。

⑤日晏：天色已晚。

⑥隰（xí）：低湿的地方，新开垦的田。

⑦摧沮（cuī jǔ）：意思是犹沮丧或者是挫折阻挠。

⑧离坼（lí chè）：谓土地因缺乏水分而龟裂。

于是命舟牧①，为水嬉。浮鹢首，翳云芝。垂翟葆，建羽旗②。齐栧女，纵棹歌。发引和，校鸣葭③。奏《淮南》，度《阳阿》④。感河冯，怀湘娥。惊魍魉，惮蛟蛇⑤。然后钓鲂鳢，缃鳣鲉。摭紫贝，搏耆龟。扣水豹，罞潜牛⑥。泽虞是滥，何有春秋⑦？摘澡澣⑧，搜川渎⑨。布九罭，设罜麗⑩。撰昆鲕，殄水族。蓬藕拔，蜃蛤剥⑪。逞欲畋渔，效获麑麇⑫。摎蓼浑浪，干池涤薮。上无逸飞，下无遗走⑬。攫胎拾卵，蚳蝝尽取⑭。取乐今日，遑恤我后！既定且宁，焉知倾阤⑮？（《西京赋》）

【注释】

①舟牧：主管船只的官员。

②浮鹢（yì）首，翳云芝。垂翟葆（dí bǎo），建羽旗：撑起翠羽装饰的画船。鹢首，船头雕刻的鹢鸟，代指船只。翳，指华盖。云芝，（雕画着）云气和芝草。翟葆，雉羽装饰的篷盖。

③齐枻（yì）女，纵棹歌。发引和，校鸣葭（jiā）：命划船的女子奏乐歌唱。枻女，划船的女子。棹歌，船歌。引和，合唱。校，调音，调弄。鸣葭，一种管乐器。

④《淮南》《阳阿》：曲名。

⑤感河冯，怀湘娥。惊魍魉（wǎng liǎng），惮蛟蛇：（奏曲）使河神感怀，使水怪避让。从而进行捕捞。河冯，河神冯夷。湘娥，湘水神。魍魉、蛟蛇，皆水怪。

⑥然后钓魴鳢（fáng lǐ），缗鰋鮋（yǎn yóu）。摭（zhí）紫贝，搏耆（qí）龟。扼（è）水豹，罼（zhí）潜牛：然后捕捞各种鱼类水兽。魴、鳢、鰋、鮋，鱼名。缗，用渔网捕捞。摭，拾取。耆龟，老龟。罼，同"絷"，束缚。水豹、潜牛，水兽名。

⑦泽虞是滥，何有春秋：指水泽之官不管时令，常年在此捕捞。泽虞，主掌水泽的官员。滥，撒网捕捞。

⑧擿滣澥（tí liáo xiè）：搜索小溪。

⑨川渎（dú）：河流。

⑩布九罭（yù），设罜麗（zhǔ lù）：安置渔网。

⑪摷（chāo）昆鲕，殄水族。蘧（qú）藕拔，蜃蛤（gé）剥：扫荡取尽各种水产。摷，捞取。昆，鱼子。鲕，小鱼，《国语·鲁语》："鱼禁鲲鲕。"蘧藕，同"蕖藕"，莲藕。蜃蛤，大蛤蜊。

⑫效获麑麇（ní yǎo）：猎获幼鹿幼麋。效获，打猎的收获。麑，幼鹿。麇，幼麋。

⑬摎蓼（jiǎo lǎo）浑浪（láo làng），干池涤薮（sǒu）。上无逸飞，下无遗走：放空池水清淤扫荡，不放过一只鸟兽。摎蓼，搜索。浑浪，扰动、惊扰。

⑭攫胎拾卵，蚳蝝（chí yuán）尽取：猎获各种小动物，连虫卵也不放过。蚳，蚂蚁卵。蝝，蝗虫子。

⑮倾阤：倾覆。

燃炉灶弄水火之齐，烹佳肴和五味之芳

　　岁月的车轮缓缓前行，汉代的宴席上绽放出一派前所未有的繁荣盛景。据《盐铁论·散不足篇》记载，当时的佳肴琳琅满目，诸如煎鱼切肝、羊淹鸡寒、毂膹雁羹等，每一道菜肴都是对味觉的极致诱惑，展现了烹饪艺术的精妙与复杂。

　　在《西京杂记》的字里行间，藏着一则关于汉代娄护的逸事，他巧妙地将五侯所赠的珍馐美味汇聚一堂，烹饪出了名菜"五侯鲭"。这道菜汇聚了山珍海味的精华，风味独特，其美味程度堪比后世的"佛跳墙"，成为了一段流传千古的美食佳话。而在汉代刘梁的《七举》中，更是详细记载了一种猪肉佳肴的制作过程。这道菜经过煎、炙、蒸等多种烹饪手法的精心炮制，再佐以酒、醋及浓郁的酱料"芍药之调"，最后点缀以甘甜的糖，其味道之丰富，层次之分明，堪比今日备受喜爱的"红烧肉"。从这些记载中不难看出，汉代的烹饪技艺已然达到了相当高的水平，已经出现了很多令人垂涎欲滴的珍馐名馔。

乃使有伊之徒，调夫五味。甘甜之和，勺药之羹，江东鲐鲍①，陇西牛羊，籴米肥猪②，麢麖不行，鸿獭獱乳，独竹孤鸧③；炮鸮被纻之胎④，山麇髓脑⑤，水游之腴⑥，蜂豚应雁，被鸹晨凫⑦，戮鸮初乳⑧；山鹤既交，春羔秋脁，脍鲛龟肴⑨，粳田孺鷩⑩。形不及劳，五肉七菜，朦犹腥臊。可以练神养血脑者，莫不毕陈。(《蜀都赋》)

【注释】

①鲐（tái）：身体呈纺锤形，背青蓝色，头顶浅黑色，生活在海中。

②籴（dí）：买进粮食，与"粜"相对。

③鸧（cāng）：鸟名。麋鸹。似鹤，体苍青色。又名"鸧鸹"。也单用。《尔雅·释鸟》："鸧，麋鸹也。"

④鸮（xiāo）：鸟名。俗称猫头鹰。

⑤麇（jūn）：獐子。哺乳动物，形状像鹿而较小，身体上面黄褐色，腹部白色，毛较粗，没有角。

⑥腴（yú）：腹下的肥肉。

⑦鳦（yàn）：鳦雀。鹑的一种。晨凫（fú）：指野鸭。

⑧戮（lù）：斩，杀。鹢（yì）：水鸟名。形似鸬鹚，善高飞。

⑨鲮（líng）：古代传说中的怪鱼。也作"陵鱼"。

⑩粳（jīng）：粳稻，水稻的一类，米粒短而粗。鷩（bì）：赤雉，即锦鸡（金鸡）的别名。

客曰："犓牛之腴①，菜以笋蒲②。肥狗之和③，冒以山肤④。楚苗之食，安胡之飰⑤，抟之不解⑥，一啜而散⑦。于是使伊尹煎熬，易牙调和⑧。熊蹯之臑⑨，芍药之酱⑩。薄耆之炙，鲜鲤之鲙⑪。秋黄之苏⑫，白露之茹。兰英之酒⑬，酌以涤口。山梁之餐，豢豹之胎⑭。小飰大歠，如汤沃雪⑮。此亦天下之至美也，太子能强起尝之乎？"太子曰："仆病，未能也。"（《七发》）

【注释】

①犓（chú）牛：即小牛。

②笋：竹笋。蒲：即蒲菜，多年生草本植物，叶细长而尖，其茎心细嫩可食。

③和：羹。

④冒：通"笔"，用菜调和。山肤：植物名，即面耳，可食用。

⑤飰：饭的异体字。

⑥抟（tuán）：聚拢在一起。解：散开。

⑦啜：吃，尝。

⑧易牙：春秋时人，以能善调味得到齐桓公的宠爱。

⑨熊蹯：熊掌。臑（ér）：烂熟。

⑩芍药：古人常用作调料。

⑪鲙（kuài）：鱼片。

⑫苏：即紫苏，药草名，可以食用。

⑬兰英：同兰花一样香美之酒。后因以借指美酒。

⑭豢（huàn）豹之胎：指豹胎。古人以为珍贵的食品。韩愈《答柳柳州食虾蟆》诗："而君复何为，甘食比豢豹。"

⑮沃雪：是指以热水浇雪。

刚鬣奉豕①，肥腯云羊②。合以水火之齐，和以五味之芳。（《七设》）

【注释】

①鬣（liè）：哺乳动物，外形略像狗，头比狗的头短而圆，毛棕黄或棕褐色，有许多不规则的黑褐斑点。豕（shǐ）：猪，家畜之一。

②腯：肥壮。多用以形容牲畜。

酒余饭饱，桃李杏枣

在宴请宾客或饭后消遣之时，一口香甜多汁的水果总能带来极大的满足。从最初的随手摘取，到规模化的种植，从本土的品种到远道而来的异域佳果，汉代的人们已经能够享受水果的充裕选择。汉代诗赋中提及的水果多达三十多种。《西京杂记》记载，汉代的水果种植已在先秦庭院种植的基础上扩展为大面积专业种植。《史记·货殖列传》中有："安邑千树枣；燕秦千树栗；蜀、汉、江陵千树橘。"种植规模扩大的同时，本土常见的水果如桃、李、杏、枣等也在栽种培育中不断发展出多种口味。《西京杂记》上林苑中仅李子便有"五紫李、绿李、朱李、黄李、青绮李、青房李、同心李、车下李、含枝李、金枝李、颜渊李、出鲁李、燕李、蛮李、侯李"等数种品类。

随着汉代对外交通路线的开拓，边境水果也定期向内陆供应。张骞出使西域，从西方引入了蒲桃（葡萄）、西瓜、哈密瓜、无花果、石榴等。而江南还有甘蔗、荔枝、龙眼、橄榄、香蕉、椰子、槟榔等热带水果。杜笃《边论》曰："汉征匈奴，取其胡麻、稗麦、苜蓿、蒲萄，示广地也。"《西京杂记》记载，南越王"尉陀献高祖鲛鱼、荔枝，高祖报以蒲桃、锦四匹"。《东观汉记》："单于来朝，赐橙、橘、龙眼、荔枝。"不论是上林苑中郁郁葱葱的桃李杏枣，还是储运箱中五彩斑斓的瓜果葡萄，都极大地丰富了汉代人民的饮食生活。

若其园圃则有蓼蕺蘘荷①，薯蔗姜蟠②，菥蓂芋瓜③。乃有樱梅山柿，侯桃梨栗。楟枣若留，穰橙邓橘。其香草则有薜荔蕙若④，薇芜荪苌⑤。暗暧翁蔚⑥，含芬吐芳。（《南都赋》）

【注释】

①蓼蕺蘘荷：四种植物，芳草名字。

②蟠：小蒜。

③蓂：传说中尧时的一种瑞草。亦称"历荚"。

④蕙若：蕙草与杜若。皆香草。

⑤薇芜荪苌：香草名。

⑥翁蔚：草木茂盛貌。

暧若朝云之兴①，森如横天之彗，湛若大厦之容，郁如峻岳之势。修干纷错，绿叶臻臻②。……灼灼若朝霞之映日，离离如繁星之着天。皮似丹罽③，肤若明珰。润侔和璧④，奇喻五黄。仰叹丽表，俯尝嘉味。口含甘液，心受芳气。兼五滋而无常主，不知百和之所出。卓绝类而无俦⑤，超众果而独贵。（《荔支赋》）

【注释】

①暧：日光昏暗。《楚辞·远游》："时暧瞙其莽兮，召玄武而奔属。"

②臻臻：通"蓁蓁"，形容草叶茂盛，泛指植物茂盛貌。

③罽（jì）：用毛做成的毡子一类的东西。

④侔：齐等；相等。《淮南子》："智侔则有数者禽无数。"

⑤俦：同辈，伴侣。曹植《洛神赋》："命俦啸侣。"

于是乎卢橘夏孰①，黄甘橙楱②，枇杷橪柿③，亭奈厚朴④，梬枣杨梅⑤，樱桃蒲陶⑥，隐夫薁棣⑦，答遝离支⑧，罗乎后宫，列乎北园。(《上林赋》)

【注释】

①卢橘：橘子的一种，皮厚，大小像柑。秋天结实，第二年夏天始熟。

②黄甘：即黄柑，橘的一种。楱(còu)：橘的一种，又称小橘。

③橪(rán)：即酸枣。

④亭：同"樗"。棠梨，又名海棠果。奈：属苹果一类的水果。厚朴：树名，果实甘美，树皮可入药。

⑤梬(yǐng)枣：枣类，外形似柿而小。

⑥蒲陶：即葡萄。

⑦隐夫：果木名，形状不详。薁(yù)棣：即唐棣，又名郁李，果实可食，种子可入药。

⑧答遝：木名，果实像李子。离支：即荔枝。

其石则赤玉玫瑰①，琳瑉昆吾②，瑊玏玄厉③，礝石碔砆④。其东则有蕙圃⑤，衡兰芷若⑥，芎䓖昌蒲⑦，茳蓠蘪芜⑧，诸柘巴苴⑨。其南则有平原广泽，登降陁靡⑩，案衍坛曼⑪，缘以大江，限以巫山⑫。其高燥则生葴菥苞荔⑬，薛莎青薠⑭。其埤湿则生藏莨兼葭⑮，东蘠雕胡⑯，莲藕觚卢⑰，庵闾轩于⑱，众物居之，不可胜图。……其北则有阴林，其树楩柟豫章⑲，桂椒木兰，檗离朱杨⑳，楂梨樗栗㉑，橘柚芬芳。（《子虚赋》）

【注释】

①赤玉：赤色的玉石。玫瑰：一种紫色的宝石。

②琳珉：一种比玉稍次的石。昆吾：同"琨珸"，即"琨"，《说文》："琨，石之美者。"

③瑊玏（jiān lè）：次于玉的一种石名。玄厉：一种黑色的石头，可以磨刀。

④礝（ruǎn）石：一种次于玉的石头，"白者如冰，半有赤色"（见《文选》李善注）。

⑤蕙圃：蕙草之园。蕙与兰皆为香草，外貌相似。蕙，比兰高，叶狭长，一茎可开花数朵。兰，一茎一花。

⑥衡：杜衡，香草名，"其状若葵，其臭如蘼芜。"（见《文选》李善注）兰：兰草。

⑦芎䓖：今通常叫作"川芎"，香草名，其根可以入药，有活血等作用。

⑧茳蓠（lí）：水生香草名。蘼（mí）芜：水生香草名，《文选》李善注引张揖曰："似蛇床而香。"按：蛇床，其子入药，名蛇床子，可壮阳。

⑨诸柘：即蔗。巴苴（jū）：芭蕉。

⑩登降：此言地势高低不平，或登上或降下。陁靡：山坡倾斜绵延的样子。

⑪案衍：地势低下。坛曼：地势平坦。

⑫限：界限。巫山：指云梦泽中的阳台山，在今湖北境内，非为今四川巫山。

⑬高燥：高而干燥之地。葴：马蓝，草名。菥：一种像燕麦的草。苞：草名。

⑭薜：蒿的一种。莎（suō）：一种蒿类植物名。青薠：一种形似莎而比莎大的植物。

⑮埤：低。藏莨（zāng láng）：即狗尾巴草，也称狼尾草。

⑯东蘠：草名，状如蓬草，结实如葵子，可以吃。

⑰觚（gū）卢：《文选》李善注引张晏说即葫芦。

⑱庵（ān）闾：蒿类植物名，子可入药。轩于：即莸（yóu）草，一种生于水中或湿地里的草。

⑲楩（pián）：树名，即黄楩木。枏（nán）：树名，即楠木，树质甚佳。豫章：树名，即樟木。

⑳檗（bò）：即黄檗树。其高数丈，其皮外白里黄，入药清热燥湿。离：通"樆（lí）"，即山梨树。朱杨：生于水边的树，即赤茎柳。

㉑樝（zhā）梨：即山楂。梬（yǐng）栗：梬枣，似柿而小。

冻缥玄酎^①，醴白齐清^②。肴以多品，羞以珍名。鳙鳙鲐鮋^③，

桂蠹石蠜④。鳖寒鲍热，异和殊馨。紫梨黄甘，夏柰冬橘。枇杷都柘⑤，龙眼荔实。河隈之鲔⑥，泗滨卢鳜⑦。名工砥锷⑧，因皮却切。纤而不茹，纷若红绰⑨。乃有西旅游梁，御宿青粲⑩，瓜州红麹，参糅相半⑪。柔滑膏润，入口流散。鼋羹蠵臛⑫，晨凫宿鷃⑬。五黄捣珍，肠腑肺烂⑭。旄象叶解⑮，胎豹斋断⑯。霜熊之掌，葺麕之腱。齐以甘酸，随时代献。（《七释》）

【注释】

①酎：经过两次以至多次复酿的醇酒。

②醴：甜酒。甜美的泉水。

③鳙（yōng）：身体暗黑色，头很大，生活在淡水中，为重要食用鱼。俗称"胖头鱼"。鲐（tái）：身体呈纺锤形，背青蓝色，头顶浅黑色，生活在海中，为中上层洄游性鱼类。亦称"鲐巴鱼""鲭""油筒鱼""青花鱼"。鮍（pí）：鳑鲏鱼。

④蠹（dù）：蛀蚀器物的虫子。蠜（jué）：有舌的环，用来系缰。

⑤柘（zhè）：古同"蔗"，甘蔗。

⑥鲔（wèi）：嘉鱼。

⑦鳜（guì）：体侧扁，性凶猛，生活在淡水中，味鲜美。

⑧锷：刀剑的刃。

⑨绰：五色杂合的丝织品。

⑩粲（cán）：上等白米，又指美食。

⑪糅：掺杂；混合。枚乘《七发》云："滋味杂陈，肴糅错该。"

⑫鼋羹蠵臛：龟做的肉羹。鼋（yuán），大鳖。蠵（xī），海产的大龟，身体长约一米，四肢呈桨状，吃鱼虾等，卵可食，龟甲可以入药。臛（huò），肉羹。

⑬鷃（yàn）：鷃雀。

⑭胹：烂熟。《说文》云："胹，烂也。"烹煮。《左传·宣公二年》："宰夫胹熊蹯不熟。"

⑮旄：牦牛。古代用牦牛尾装饰的旗子。

⑯胾：切成小块的肉。

缘畛黄甘①，诸柘柿桃，杏李枇杷，杜橵栗楱②，棠棃离支，杂以梴橙③，被以樱梅，树以木兰。（《蜀都赋》）

【注释】

①甘：通"柑"。果名，橘属。

②杜：杜梨，棠梨，一种木本植物。

③梴橙：黄果。

日久年深的下饭娱乐

汉代不仅继承了先秦时期以音乐伴随饮食的雅韵，更在此基础上，将此雅兴推向了一个新的高潮。无论是尊贵的皇室贵族，还是普通的平民百姓，在举行宴饮活动时，都流行伴随奏乐、歌舞等艺术表演形式。

特别是在宫廷宴饮中，有专门的乐舞管理机构——乐府，为官方的宴飨活动提供符合礼仪制度的歌舞表演。东汉时期的班固在其著作《东都赋》中描绘了一幅盛大的宴饮场面："天子受四海之图籍，膺万国之贡珍。内抚诸夏，外绥百蛮。尔乃盛礼兴乐，供帐置乎云龙之庭。陈百寮而赞群后，究皇仪而展帝容。于是庭实千品，旨酒万钟。列金罍，班玉觞，嘉珍御，太牢飨，尔乃食举《雍》彻，太师奏乐。"在乐舞的映衬下，纯粹的饮食生活与礼乐传统完美融合，带给人们多层次的精神享受。

百戏，作为汉代多种杂技表演形式的总称，也是汉代宫廷宴饮娱乐的项目。《汉书·西域传》记载汉武帝宴请西域使臣时，曾安排"角抵之戏""以示观之"。不仅宫廷宴饮有百戏表演，民间在宴请宾客或庆贺喜事时，也常邀请百戏艺人进行表演。汉代百戏项目繁多，热闹非凡。山东济南挖掘出土的汉代乐舞百戏陶俑群，就栩栩如生地再现了汉代宴饮时杂技艺人进行百戏表演的场景。精妙绝伦的乐舞表演与百戏表演使汉代宴饮活动更加丰富多彩，提升了汉人的饮食生活的审美体验。

乐舞

清者为酒，浊者为醴；清者圣明，浊者顽呆。皆曲蘖丘之麦①，酿野田之米。仓风莫预，方金未启。嗟同物而异味，叹殊才而共侍。流光酹酹②，甘滋泥泥。醪酿既成，绿瓷既启，且筐且漉，载箈载齐。庶民以为欢，君子以为礼。其品类则沙洛渌酃③。程乡若下，高公之清。关中白薄，清渚萦停。凝醑醇酎，千日一醒。哲王临国，绰矣多暇。召皤皤之臣④，聚肃肃之宾。安广坐，列雕屏，绡绮为席，犀璩为镇⑤。曳长裾，飞广袖，奋长缨。英伟之士，莞尔而即之。君王凭玉几，倚玉屏。举手一劳，四座之士，皆若哺梁焉。乃纵酒作倡，倾盎覆觞。右曰宫申，旁亦徵扬。乐只之深，不吴不狂。于是锡名饵⑥，袪夕醉，遣朝酲⑦。吾君寿亿万岁，常与日月争光。（《酒赋》）

【注释】

①湒丘：雨水充足的山丘。湒（jí），下雨声；温和，和顺。

②酹酹：酒清貌。

③酃（líng）：地名，古湖名。又名零湖。在湖南省衡阳市东。酒名。也作"醽"。

④皤（pó）皤：白发貌。形容年老。

⑤犀璩：古代一种用犀牛角制成的耳环。

⑥钖（yáng）：马额头上的金属装饰物，马走动时发出声响。盾背的装饰。

⑦酲：酒醉不醒。

于是乎游戏懈怠，置酒乎颢天之台①，张乐乎胶葛之寓②。

撞千石之钟，立万石之虡③，建翠华之旗，树灵鼍之鼓④，奏陶唐氏之舞，听葛天氏之歌，千人唱，万人和；山陵为之震动，川谷为之荡波。(《上林赋》)

【注释】

①颢天(hào tiān)：本指西方之天。泛指天空，苍天。

②胶葛：交错；杂乱。

③虡(jù)：古代悬挂钟或磬的架子两旁的柱子。

④鼍(tuó)：爬行动物，吻短，体长两米多，背部、尾部均有鳞甲。穴居江河岸边，皮可以蒙鼓。亦称"扬子鳄""鼍龙""猪婆龙"。

百戏表演

临迴望之广场①，程角抵之妙戏②。乌获扛鼎，都卢寻橦③。冲狭燕濯，胸突铦锋。跳丸剑之挥霍，走索上而相逢④。华岳峨峨，冈峦参差。神木灵草，朱实离离⑤。总会仙倡，戏豹舞罴⑥。白虎鼓瑟，苍龙吹篪⑦。女娥坐而长歌⑧，声清畅而蜲蛇⑨。洪涯立而指麾⑩，被毛羽之襳襹⑪。度曲未终，云起雪飞。初若飘飘，后遂霏霏。复陆重阁，转石成雷。礔砺激而增响，磅礚象乎天威⑫。巨兽百寻，是为曼延⑬。神山崔巍，欻从背见⑭。熊虎升而拏攫⑮，猨狖超而高援⑯。怪兽陆梁，大雀踆踆⑰。白象行孕，垂鼻辚囷⑱。海鳞变而成龙，状蜿蜿以蝹蝹⑲。含利颬颬⑳，化为仙车，骊驾四鹿，芝盖九葩。蟾蜍与龟，水人弄蛇。奇幻倏忽，易貌分形。吞刀吐火，云雾杳冥。画地成川，流渭通泾。东海黄公，赤刀粤祝。冀厌白虎，卒不能救。挟邪作蛊，于是不售。尔乃建戏车，树修旃。侲僮程材，上下翩翻。突倒投而跟絓，譬陨绝而复联。百马同辔，骋足并驰。橦末之伎，态不可弥。弯弓射乎西羌，又顾发乎鲜卑。（《西京赋》）

【注释】

①迥望：远望，宽广的。

②角觝：即摔跤。

③寻橦：高跷、竹竿戏一类。

④"冲狭燕濯（zhuó），胸突铦（xiān）锋，……走索上而相逢"句：指各种杂耍表演。冲狭、燕濯、丸剑，杂技名；铦锋，尖刀；挥霍，迅疾貌；走索上而相逢，指走绳索。

⑤离离：盛多貌。

⑥总会仙倡，戏豹舞罴（pí）：令歌者装扮成各种动物的形象表演。仙倡，妆神的歌者；倡，同"唱"。罴，类似熊的野兽。

⑦篪（chí）：一种管乐器。

⑧女娥：女英、娥皇，湘水女神。

⑨清畅：清越。蜲蛇（wēi yí）：宛转悠扬。

⑩洪涯：同"洪崖"，乐神伶伦的仙号。指麾：同"指挥"。

⑪襳襹：羽毛丰盛貌。

⑫"度（duó）曲未终，……礔砺（pī lì）激而增响，磅礚（páng kē）象乎天威"句：指在表演时令人模拟出雨雪雷电的

效果。

⑬曼延：古百戏之一。

⑭欻（xū）：忽然。

⑮挐攫（ná jué）：相持搏斗。

⑯狖（yòu）：一种猴类的野兽。

⑰怪兽陆梁，大雀踆踆（qūn）：鸟兽在台上奔走。陆梁，跳跃貌；踆踆，行走貌。

⑱轥囷（qūn）：弯曲下垂貌。

⑲状蜿蜿（wān）以蝹蝹（yūn）：龙行蜿蜒曲折的样子。

⑳含利：异兽名。颬颬（xiā）：张口吐气貌。

汉诗中的诗酒食话

汉代肉食的奢华印记

汉代肉类饮食不仅是口感与能量的完美结合，也显示出了当时饮食文化的精细。常见的肉类包括马、牛、羊、猪、犬与鸡，然而，马和牛作为食材的情形较为罕见。尤其是牛，因其在农业社会中的重要角色，汉代的法律给予了特别的保护，明文规定禁止屠宰幼小之牛，并对违反者施以惩罚。

这不仅是因为法律的限制，高昂的肉价也是一大障碍。《盐铁论》一书中曾提到，一头猪的价值竟相当于百姓一年中等收入的总和。值得一提的是，汉朝时期，食用狗肉颇为流行。从汉高帝刘邦对狗肉的喜爱，到名将樊哙的狗肉生意，再到百姓日常以烧饼夹狗肉为早餐的习俗，狗肉的受欢迎程度可见一斑。通过这段历史的回顾，既可见食物在文化与社会结构中的作用，也可见人们饮食观念的不断演变。

出西门，步念之①。今日不作乐，当待何时。逮为乐，逮为乐，当及时②。

何能愁怫郁③，当复待来兹④。酿美酒，炙肥牛。

请呼心所欢，可用解忧愁。人生不满百，常怀千岁忧。

昼短苦夜长，何不秉烛游⑤。游行去去如云除⑥，弊车羸马为自储⑦。（汉乐府《西门行》）

【注释】

①出西门，步念之：此二句为起兴，与下文无直接关联。

②逮为乐，逮为乐，当及时：此三句是作者在鼓吹及时行乐的人生观。逮，连及、接续。

③怫郁：心情忧郁，难以成眠。《楚辞·九叹·惜贤》："忧心展转愁怫郁兮，冤结未舒长隐念兮。"王逸注云："怫郁，不能寐也。"

④来兹：来年。草新生为"兹"，因为草一年生一次，故引申为年。

⑤人生不满百，常怀千岁忧。昼短苦夜长，何不秉烛游：此四句为《古诗十九首·生年不满百》所袭用。

⑥游行：即出游；游逛。

⑦羸（léi）马：指瘦马。

乌生八九子，端坐秦氏桂树间。唶我①！秦氏家有游遨荡子②，工用睢阳强③，苏合弹④。左手持强弹，两丸出入乌东西。嗜我！一丸即发中乌身，乌死魂魄飞扬上天。阿母生乌子时，乃在南山岩石间⑤。嗜我！人民安知乌子处？蹊径窈窕安从通⑥？白鹿乃在上林西苑中，射工尚复得白鹿脯⑦。嗜我！黄鹄摩天极高飞⑧，后宫尚复得烹煮之。鲤鱼乃在洛水深渊中，钓钩尚得鲤鱼口。嗜我！人民生各各有寿命，死生何须复道前后！（汉乐府《乌生》）

【注释】

①嗜（jiè）我：象声词，指乌的哀鸣。我，语尾助词。

②游遨荡子：荡子。游、遨、荡三字同义。

③工用：善用。睢（suī）阳：汉睢阳县，古宋国的都城，在今河南商丘市南。

④苏合：苏合香。

⑤南山：指终南山，在陕西西安市南。

⑥蹊径：狭窄的小道。窈窕：这里是指山水幽深貌。

⑦射工：弓箭手。

⑧黄鹄（hú）：鸟名，天鹅。

思悲翁①，唐思，夺我美人侵以遇。悲翁但思。蓬首狗②。逐狡兔③。

食交君。枭子五④。枭母六。拉沓高飞莫安宿⑤。（汉乐府《思悲翁》）

①思悲翁：古曲名。

②蓬首：形容头发散乱如飞蓬。语出《诗经·卫风·伯兮》："自伯之东，首如飞蓬。"

③逐：追赶。

④枭（xiāo）：一种与鸱鸺相似的鸟。

⑤拉沓：飞翔貌。高飞：高高飞翔。《诗经·小雅·菀柳》云："有鸟高飞，亦傅于天。"

晚来天欲雪，我先提一杯

根据丰富的历史文献和考古发现，汉代在继承先辈传统之上，孕育出了其独有的饮酒文化。在这个时期，随着经济与农业的飞速发展，酿酒业也随之蓬勃兴起，甚至普通农户也利用自家产的粮食酿造美酒自饮。这种饮酒习惯的普及，使得饮酒成为了汉代人饮食生活中不可或缺的一环。王粲在其著作《酒赋》中曾概括酒的多面性，在庙堂之上彰显文德，在三军之中协调武义，促进子女对父母的孝养，加强亲人间的和睦，增进朋友间的欢乐，以及在社交活动中赞颂主宾。

随着汉代酒文化的日益繁荣，品酒作乐逐渐成为一种被崇尚的豪放生活方式。酒精的作用能使人逐渐放松，心旌摇曳，从而释放内心深处被压抑的情感，畅所欲言，摆脱日常生活中的压力与烦恼。这种真情流露与超然的体验，为人们带来了一种精神层面的极致美感。因此，与其他饮品相比，酒的独特审美价值显得尤为突出。如枚乘在《七发》中所描绘的汉人宴饮场景：宾客列坐，尽情畅饮，乐曲悠扬，令人心旷神怡。景春劝酒，杜连调和音律。各种滋味交织，美食错落有致。色泽鲜明悦目，乐声流淌动听，尽显感官与心灵的愉悦。

羽林郎

汉·辛延年

昔有霍家奴，姓冯名子都。

依倚将军势①，调笑酒家胡。

胡姬年十五②，春日独当垆③。

长裾连理带④，广袖合欢襦⑤。

头上蓝田玉⑥，耳后大秦珠⑦。

两鬟何窈窕⑧，一世良所无。

一鬟五百万，两鬟千万余。

不意金吾子，娉婷过我庐⑨。

银鞍何煜爚⑩，翠盖空踟蹰⑪。

就我求清酒，丝绳提玉壶。

就我求珍肴，金盘脍鲤鱼。

贻我青铜镜，结我红罗裾。

不惜红罗裂⑫，何论轻贱躯。

男儿爱后妇，女子重前夫。

人生有新故，贵贱不相逾。

多谢金吾子⑬，私爱徒区区⑭。

【注释】

①依倚：倚靠；依傍。

②胡姬：原指胡人酒店中的卖酒女，后泛指酒店中卖酒的女子。

③垆（lú）：旧时酒店里安放酒瓮的土台子，亦指酒店。

④裾（jū）：衣服。

⑤广袖：宽大的衣袖。襦（rú）：短衣；短袄。襦有单、复。单襦近乎衫，复襦则近似袄。

⑥蓝田玉：用蓝田产的玉制成的首饰。

⑦秦珠：秦地出产的珠饰。

⑧窈窕（yǎo tiǎo）：文静而美好的样子。

⑨娉婷（pīng tíng）：姿态美好的样子。

⑩煜爚（yù yào）：光彩照射。

⑪翠盖：代指饰有翠羽的马车。空：等待，停留。踟蹰（chí chú）：徘徊。心中犹疑，要走不走的样子。

⑫裂：裁剪的意思。古人从织机上把满一匹的布帛裁剪下

来叫"裂"。

⑬多谢：一语双关，表面是感谢，骨子却含"谢绝"意。

⑭私爱：偏爱。区区：形容数量少或不重要。

陇西行

汉乐府

天上何所有，历历种白榆①。

桂树夹道生②，青龙对道隅③。

凤凰鸣啾啾④，一母将九雏。

顾视世间人⑤，为乐甚独殊。

好妇出迎客，颜色正敷愉⑥。

伸腰再拜跪，问客平安不。

请客北堂上，坐客毡氍毹⑦。

清白各异樽⑧，酒上正华疏。

酌酒持与客，客言主人持。

却略再拜跪⑨，然后持一杯。

谈笑未及竟，左顾敕中厨⑩。

促令办粗饭，慎莫使稽留⑪。

废礼送客出，盈盈府中趋。

送客亦不远，足不过门枢⑫。

娶妇得如此，齐姜亦不如。

健妇持门户，一胜一丈夫。

【注释】

①白榆：白皮的榆树。

②夹道：两侧有墙壁的狭窄道路。

③道隅（yú）：犹路边。

④啾啾（jiū jiū）：象声词，形容鸟儿发出的鸣叫声。

⑤顾视：向周围看。

⑥敷（fū）愉：和悦貌。

⑦氍毹（qú shū）：毛织的布或地毯。

⑧樽：盛酒器。

⑨却略：退身。表谦恭。

⑩敕（chì）：嘱咐。

⑪稽留：停留；迁延。

⑫门枢：门扇的转轴，这里指大门口。

古诗十九首·青青陵上柏

青青陵上柏①，磊磊涧中石②。

人生天地间，忽如远行客③。

斗酒相娱乐④，聊厚不为薄⑤。

驱车策驽马⑥，游戏宛与洛⑦。

洛中何郁郁⑧，冠带自相索。

长衢罗夹巷⑨，王侯多第宅。

两宫遥相望，双阙百余尺。

极宴娱心意，戚戚何所迫？

【注释】

①青青陵上柏：青青，犹言草青青，是说草木茂盛的意思。陵，表示与地形地势的高低上下有关，此处指大的土山。

②磊磊：众多委积貌。

③忽：这里指快的意思。远行客：在此有比喻人生的短暂如寄寓天地的过客的意思。

④斗酒：指少量的酒。

⑤薄：指酒味淡而少。

⑥驽马：指资质较差、不出众的马，也指蹩脚马。

⑦宛：南阳古称宛，位于河南西南部，与湖北、陕西接壤，因地处伏牛山以南、汉水之北而得名。洛：东都洛阳。

⑧郁郁：盛貌，形容洛阳城内繁盛热闹的气象。

⑨衢：四达之道，即大街。

古诗十九首·驱车上东门

驱车上东门①，遥望郭北墓②。

白杨何萧萧，松柏夹广路③。

下有陈死人④，杳杳即长暮⑤。

潜寐黄泉下⑥，千载永不寤⑦。

浩浩阴阳移⑧，年命如朝露⑨。

人生忽如寄，寿无金石固。

万岁更相送，贤圣莫能度。

服食求神仙，多为药所误。

不如饮美酒，被服纨与素。

【注释】

①上东门：洛阳城东面三门最北头的门。

②遥望：向远处看。郭北：城北。洛阳城北的北邙山上，古多陵墓。

③白杨、松柏：古代多在墓上种植白杨、松、柏等树木，作为标志。

④陈死人：久死的人。陈，久。

⑤杳杳：幽远貌。即：就，犹言"身临"。长暮：犹长夜。

⑥潜寐：深眠。黄泉：墓地；迷信者称人死后居住的地方。

⑦寤（wù）：醒。《说文》云："寤，寐觉而有言曰寤。"

⑧浩浩：流貌。

⑨年命：寿命。朝露：清晨的露水，比喻存在的时间极短促。

善哉行（节选）

汉乐府

欢日尚少，戚日苦多①。

以何忘忧，弹筝酒歌。

淮南八公②，要道不烦。

参驾六龙③，游戏云端。

①戚：忧愁；悲伤。

②淮南八公：指汉淮南王刘安八位门客。后世传说为神仙。

③参驾：配有副马的车。参，通"骖"。六龙：指太阳。神话传说日神乘车，驾以六龙，羲和为驭者。

鸡鸣

汉乐府

鸡鸣高树巅，狗吠深宫中。

荡子何所之①，天下方太平。

刑法非有贷②，柔协正乱名③。

黄金为君门④，璧玉为轩堂⑤。

上有双樽酒⑥，作使邯郸倡⑦。

刘王碧青甓，后出郭门王。

舍后有方池，池中双鸳鸯。

鸳鸯七十二，罗列自成行。

鸣声何啾啾，闻我殿东厢。

兄弟四五人，皆为侍中郎。

五日一时来，观者满路傍。

黄金络马头⑧，颎颎何煌煌⑨！

桃生露井上，李树生桃傍。

虫来啮桃根，李树代桃僵。

树木身相代，兄弟还相忘。

【注释】

①荡子：指辞家远出、羁旅忘返的男子。

②有贻：施与。

③柔协：柔和协理。

④君门：犹宫门。

⑤璧玉：上等美玉。可制玉璧的玉石。轩堂：轩室殿堂。

⑥双樽酒：准备与人共饮的酒。樽酒，杯酒。

⑦作使：作为指使；用来指使。邯郸倡：邯郸倡女。当时各国宫廷充斥赵国美女。

⑧络（luò）：缠绕。

⑨颎颎（jiǒng jiǒng）：犹炯炯，光亮貌。煌煌（huáng huáng）：明亮辉耀貌。

白头吟

汉乐府

皑如山上雪，皎若云间月①。

闻君有两意②，故来相决绝③。

今日斗酒会，明旦沟水头④。

躞蹀御沟上，沟水东西流⑤。

凄凄复凄凄，嫁娶不须啼。

愿得一心人，白首不相离。

宋·李唐 《采薇图》

南宋·马和之 《豳风图》(局部)

南宋·陈居中 《文姬归汉图》

南宋·马和之 《豳风图》（局部）

竹竿何袅袅，鱼尾何篱篱⑥！

男儿重意气，何用钱刀为！

【注释】

①皑、皎：白。

②两意：就是二心（和下文"一心"相对），指情变。

③决：别。

④"今日"二句：这两句是说今天置酒作最后的聚会，明早沟边分手。明旦，明日。

⑤"躞蹀御沟上"二句：这两句是设想别后在沟边独行，过去的爱情生活将如沟水东流，一去不返。躞蹀（xiè dié），走貌。御沟，流经御苑或环绕宫墙的沟。东西流，即东流。东西，是偏义复词。这里偏用东字的意义。

⑥篱篱（shāi）：形容鱼尾像濡湿的羽毛。在中国歌谣里钓鱼是男女求偶的象征隐语。

必备维生素，羹饭配时蔬

在古代，与珍贵的肉类相比，蔬菜似乎是大自然的恩赐，随手可摘。如古诗《十五从军征》所描绘，"中庭生旅谷，井上生旅葵"，生动地反映了蔬菜的易得性。早在先秦时期，无论社会地位高低，人们都可享用到各式各样的蔬菜。对于那些生活在社会底层、生活拮据的民众而言，简单的米饭搭配富含膳食纤维和维生素的蔬菜，以维持其健康。

　　汉代的蔬菜种类丰富，尤其以绿叶菜和葱蒜类为主。汉代诗歌中频繁出现的"葵""薤""葱"，便是当时的代表。其中，"葵"，即我们今日所知的冬苋菜，既有野生，也有人工栽培，其种植遍布南北，成为了秦汉时期最为重要的蔬菜之一。而"薤"与"葱"，同样是汉代家庭菜园中的常客。无论是宫廷里的盛大宴会还是普通百姓的日常餐桌，这些蔬菜因常见而体现了温馨和实在。

十五从军征

汉乐府

十五从军征，八十始得归①。

道逢乡里人②："家中有阿谁③？"

"遥看是君家④，松柏冢累累⑤。"

兔从狗窦入⑥，雉从梁上飞⑦。

中庭生旅谷⑧，井上生旅葵⑨。

舂谷持作饭，采葵持作羹。

羹饭一时熟，不知饴阿谁！

出门东向看，泪落沾我衣。

【注释】

①始：才，刚才。

②道逢：在路上遇到。乡里人：同乡邻里。

③阿：语气词，加在称呼上的词头，不表意。

④遥看：远远地望去。君：引申为人的尊称，相当于"您"。

⑤冢（zhǒng）：高而大的坟墓。

⑥狗窦（gǒu dòu）：给狗出入的墙洞。窦，洞穴。

⑦雉（zhì）：鸟，善走，不能久飞。肉可食，羽毛可做装饰品。通称"野鸡"。

⑧中庭：庭院；庭院之中。

⑨旅葵（kuí）：野生的葵菜。"葵"作为蔬菜名，是中国古代重要蔬菜之一。

长歌行

汉乐府

青青园中葵，朝露待日晞①。

阳春布德泽②，万物生光辉。

常恐秋节至③，焜黄华叶衰④。

百川东到海，何时复西归？

少壮不努力，老大徒伤悲。

【注释】

①朝露：清晨的露水。晞：本义为晒干，如《诗经·秦风·蒹

葭》："白露未晞。"

②阳春：阳为温和，阳春即温暖的春天，是露水和阳光都充足的时候。布：布施，给予。德泽：恩惠。

③秋节：泛指秋季。

④焜（kūn）黄：形容草木凋落枯黄的样子。

薤露

汉·佚名

薤上露^①，何易晞。

露晞明朝更复落，人死一去何时归。

【注释】

①薤（xiè）：植物名，叶子丛生，细长中空，花紫色。多年生草本植物，地下有鳞茎，鳞茎和嫩叶可作蔬菜，又称藠头。

塘上行

汉·甄宓

蒲生我池中^①，其叶何离离^②。

傍能行仁义^③，莫若妾自知。

众口铄黄金^④，使君生别离。

念君去我时，独愁常苦悲。

想见君颜色^⑤，感结伤心脾^⑥。

念君常苦悲，夜夜不能寐^⑦。

莫以豪贤故[8]，弃捐素所爱。

莫以鱼肉贱，弃捐葱与薤。

莫以麻枲贱[9]，弃捐菅与蒯。

出亦复苦愁，入亦复苦愁。

边地多悲风，树木何修修。

从君致独乐，延年寿千秋。

【注释】

①蒲：多年生草本植物，生池沼中，高近两米。根茎长在泥里，可食。叶长而尖，可编席、制扇，夏天开黄色花（亦称"香蒲"）。

②离离：繁荣而茂盛的样子。

③傍：依赖、依靠。

④众口铄黄金：众人口舌可以熔化黄金，比喻受到人的谗言毁伤。

⑤颜色：容颜、面容。

⑥感结伤心脾：情感郁结于心中，伤了心脾。

⑦寐（mèi）：睡，睡着。

⑧豪贤：豪杰贤达之士。这里是委婉的说法，指男子身边的新宠。

⑨麻枲（xǐ）：指麻的种植、纺织之事。枲，麻类植物的纤维。

辛勤理田园，瓜果尤清甜

　　随着汉代园艺种植技术的精进与经营范围的拓展，瓜果产量相较于先秦时期呈现出飞跃式的激增。在那一时代，几乎每家每户都拥有一片庭院式的微型园地，如《孤儿行》中所述"三月蚕桑，六月收瓜"，又如《鸡鸣》所描绘的"桃生露井上，李树生桃傍"，清新甘甜的瓜果已成为家家户户餐桌上不可或缺的美味佳肴。同时，也有以"千亩"计量的宏大园圃，通过瓜果的培育与贸易，实现了商业上的利润。

　　此外，汉代的瓜果种类繁多，仅在汉诗之中便有甜瓜、桃子、李子、甘蔗、枇杷、橘子、梅子、栗子、莲子等近十种之多，它们分布在南北各地，各具特色。令人叹为观止的是，据史料记载，桃子与李子的品种在当时已超过十余种，其中优良品种更是经过精心的栽培与选育，足以见证汉代人民在饮食文化上的追求和品位。

孤儿行（节选）

汉乐府

春气动，草萌芽。

三月蚕桑，六月收瓜。

将是瓜车①，来到还家。

瓜车反覆②。助我者少，啖瓜者多③。

"愿还我蒂④"，兄与嫂严。

独且急归⑤，当兴校计⑥。"

乱曰⑦：里中一何诮诮⑧，愿欲寄尺书。

将与地下父母：兄嫂难与久居。

【注释】

①将是瓜车：推着瓜车。将，推；是，此，这。

②反覆：同"翻覆"。

③啖（dàn）：吃。如《史记·项羽本纪》："樊哙覆其盾于地，加彘肩上，拔剑切而啖之。"

④蒂：瓜果跟枝茎相连的部分，此处指瓜蒂。俗话"瓜把儿"。

⑤独且：将要。据王引之说，独，犹"将"；且，句中语气助词。

⑥校（jiào）计：犹"计较"。

⑦乱：古代乐曲的最后一章或辞赋末尾总括全篇要旨的部分。

⑧里中：犹言"家中"。诮诮：争辩，引申为争辩的声音、吵闹声。这句是说孤儿远远就听到兄嫂在家中叫骂。

董娇饶

东汉·宋子侯

洛阳城东路①，桃李生路旁。

花花自相对，叶叶自相当②。

春风东北起，花叶何飘飏③。

请谢彼姝子④：何为见损伤⑤。

高秋八九月，白露变为霜。

终年会飘堕⑥，安得久馨香⑦。

秋时自零落，春月复芬芳。

何时盛年去，欢爱永相忘。

吾欲竟此曲⑧，此曲愁人肠。

归来酌美酒，挟瑟上高堂⑨。

【注释】

①洛阳：中国著名古都，有"九朝古都"之称，此处指东汉京城。

②相当：指叶叶相交通，叶子稠密连到了一起。

③飘飏：指落花缤纷之貌。飏，同"扬"。

④请谢：请问。彼姝（shū）子：那美丽的女子。

⑤何为见损伤：为何要受到你的攀折损伤呢？

⑥飘堕：犹飘落。

⑦馨香：芳香。

⑧竟：尽、终。

⑨挟瑟：携带琴瑟。高堂：高大的厅堂，宽敞的房屋。

景星

汉·佚名

景星显见①，信星彪列②，象载昭庭，日亲以察。

参侔开阖③，爰推本纪，汾脽出鼎④，皇佑元始。

五音六律，依韦飨昭⑤，杂变并会，雅声远姚⑥。

空桑琴瑟结信成，四兴递代八风生。

殷殷钟石羽籥鸣⑦。河龙供鲤醇牺牲⑧。

百末旨酒布兰生⑨。泰尊柘浆析朝酲⑩。

微感心攸通修名，周流常羊思所并。

穰穰复正直往宁⑪，冯馈切和疏写平⑫。

上天布施后土成，穰穰丰年四时荣。

【注释】

①景星：大星；德星；瑞星。古谓现于有道之国。

②信星：土星，又名镇星。

③侔（móu）：相等，齐。开阖（hé）：开启与闭合。

④汾脽（shuí）：汾阴脽，汉代汾阴县的一个土丘。汉武帝祭祀地神的地方。

⑤依韦（yī wéi）：形容乐音抑扬动听。飨昭（xiǎng zhāo）：声响明晰。飨，通"响"。

⑥远姚：犹远扬。

⑦殷殷：声音盛大的样子。籥（yuè）：古代乐器，形状像笛。

⑧河龙供鲤：指河伯供应鲤鱼。

⑨百末：各种香草做成的粉。

⑩泰尊：上古的瓦尊，为酒器。柘（zhè）浆：甘蔗汁。柘，通"蔗"。酲（chéng）：指喝醉了酒神志不清的状态。

⑫穰穰：形容五谷富饶。

⑬冯：指冯夷。鰡（xī）：海产的大龟。

柏梁诗（节选）

西汉·刘彻

陈粟万石扬以箕①。徼道宫下随讨治②。

三辅盗贼天下危③。盗阻南山为民灾。

外家公主不可治。椒房率更领其材④。

蛮夷朝贺常舍其⑤。柱枅欂栌相枝持⑥。

枇杷橘栗桃李梅。走狗逐兔张罘罳⑦。

啖妃女唇甘如饴。迫窘诘屈几穷哉⑧。

【注释】

①箕：用竹篾、柳条等制成的扬去糠麸（fū）的器具（通常称"簸箕"）。

②徼（jiǎo）道：巡逻警戒的道路。

③三辅：西汉治理京畿地区的三个职官的合称，亦指其所

辖地区。

④椒房：椒房殿。泛指后妃居住的宫室。

⑤朝贺：朝觐庆贺。

⑥柱枅欂栌（zhù jī bó lú）：古书中的四种木材。

⑦罘罳（fú sī）：设在屋檐下防鸟雀来筑巢的金属网。

⑧诘屈（jí qū）：也作"诘诎"。曲折；弯曲。

江南

汉乐府

江南可采莲①，莲叶何田田②。鱼戏莲叶间。

鱼戏莲叶东，鱼戏莲叶西，鱼戏莲叶南，鱼戏莲叶北。

【注释】

①可：在这里是"适宜""正好"的意思。

②何：多么。田田：莲叶长得茂盛相连的样子。

采食灵芝草，延年寿千秋

秦朝一统天下后，神仙方术之说渐起，始皇更是亲登泰山封禅，以期神佑，数遣方士及童男童女航海，寻觅蓬莱、方丈、瀛洲三山，冀求仙草以延年。汉代之际，此风更盛，汉武帝尤为崇鬼神之祀，《汉书·郊祀志》有记，其一生深信神仙之说，游历四方，大行封禅、郊祀、礼日之事，以求仙药。《史记·孝武本纪》也有所载："上遂东巡海上……令言海中神仙者数千人求蓬莱仙人。"

汉代诗歌之中，亦多采撷灵芝、服食仙丹之记载，饮食与修仙之道相联结，充满了对灵草的赞美和永恒生命的渴望。如汉乐府民歌《长歌行》云："导我上太华，揽芝获赤幢"；《董逃行》曰："奉上陛下一玉柈，服此药可得神仙"；以及《上陵》所言："甘露初二年，芝生铜池中；仙人下来饮，延寿千万岁"。字里行间，皆流露出人们对仙人降临，赐予灵芝仙草及丹药，以期延年益寿的希冀之情。在现代社会，灵芝虽然不再被神秘化，但是于汉代人而言，灵草不仅是一种食材药材，更被视为"美"的化身、"长寿"和"健康"的象征、"吉祥"的寓意。

长歌行（节选）

汉乐府

仙人骑白鹿，发短耳何长。

导我上太华①，揽芝获赤幢②。

来到主人门③，奉药一玉箱。

主人服此药，身体日康强。

发白复更黑，延年奉命长。

【注释】

①太华：西岳华山，在陕西省华阴县南，因其西有少华山，故称太华，古时传说是神仙居住的地方。

②揽芝：采撷灵芝。芝，即灵芝，菌属，又称灵芝草、神芝、芝草、仙草，古以为瑞草，服之能成仙。赤幢：赤色的灵芝。

③主人：指仙人。

董逃行

汉乐府

吾欲上谒从高山①，山头危险大难言。遥望五岳端，黄金为阙，班璘②。但见芝草③，叶落纷纷，百鸟集，来如烟。山兽纷纶④，麟、辟邪，其端鶤鸡声鸣⑤。但见山兽援戏相拘攀，小复前行玉堂⑥，未心怀流还。传教出门来：门外人何求？所言：欲从圣道求一得命延。教敕凡吏受言⑦，采取神药若木端⑧。玉兔长跪捣药虾蟆丸⑨。奉上陛下一玉柈⑩，服此药可得神仙。服尔神药，莫不欢喜。陛下长生老寿，四面肃肃稽首⑪。天神拥护左右，陛下长与天相保守⑫。

【注释】

①上谒（shàng yè）：求见地位或辈分高的人，此处指求见天神或仙人。

②班璘（bān lín）：灿烂多彩貌。班，通"斑"。

③芝草：即灵芝。

④纷纶：杂乱貌；众多貌。

⑤鹍（kūn）鸡：凤凰的别名。

⑥玉堂：玉饰的殿堂，亦为宫殿的美称。此处指神仙的居处。

⑦教敕：教诫；教训。

⑧神药：特指长生不老的仙药。

⑨虾蟆（há ma）：同"蛤蟆"，中药名。

⑩玉柈（yù pán）：即玉盘。柈，同"盘"。

⑪肃肃：恭敬貌、严正貌。稽首（qǐ）：古时的一种跪拜礼，叩头至地，是九拜中最恭敬的。

⑫天相：表示老天的保佑。

上陵

汉乐府

上陵何美美①，下津风以寒②。

问客从何来③，言从水中央。

桂树为君船，青丝为君笮④；

木兰为君棹⑤，黄金错其间⑥。

沧海之雀赤翅鸿，白雁随。

山林乍开乍合，曾不知日月明。

醴泉之水⑦，光泽何蔚蔚⑧。

芝为车，龙为马；览遨游，四海外。

甘露初二年⑨，芝生铜池中⑩；

仙人下来饮，延寿千万岁。

【注释】

①上陵：上林苑，为汉代天子的著名游猎之苑。何美美：景色何其美好。

②下津：指从陵上下来到达水边。

③客：指仙人。

④筰（zuó）：竹子做的绳索，西南少数民族用以渡河。这里指维系船的绳索。

⑤木兰：树木名。

⑥错：涂饰。

⑦醴（lǐ）泉：甘甜的泉水。古人认为是祥瑞。

⑧蔚蔚：茂盛的样子。

⑨甘露：汉宣帝年号。

⑩芝生铜池中：古人以生出芝草为吉祥之兆。

亦是百家争鸣的诸子饮食

饮食有德的儒家

食当忧思社稷生民，善哉善哉

"王者以民为天，而民以食为天。"儒家认为饮食之事，非但关系个体之需，更是社会秩序与和谐的缩影。君王在享受珍馐美味之时，更应铭记天下苍生的饱暖安危。正如《孟子》所言："七十者衣帛食肉，黎民不饥不寒，然而不王者，未之有也。"儒家倡导统治者应以社稷生民为念，心怀天下，令百姓得以温饱，此乃王道政治之观念。

《论语》之中，孔子将饮食之道提升至哲学高度，将其与治国平天下之大义相联系。他借由餐桌上的礼仪与选择，启迪君主们注重礼仪规范，以礼治国。而在《孟子》中，孟子承袭此儒家精神，将仁政与民本思想融入对君王的谆谆教诲之中。孟子劝诫君主崇尚节俭，体恤民情，"使民养生丧死无憾"，确保人民的基本生活需求得到满足。由此，饮食也就成为了社稷民生的重要保障。

子曰："禹①，吾无间然矣。菲饮食而致孝乎鬼神②；恶衣服而致美乎黻冕③；卑宫室而尽力乎沟洫④。禹，吾无间然矣。"(《论语·泰伯第八》)

【注释】

①禹：远古夏部落领袖，姒姓，名文命，鲧之子，号禹，后世尊称大禹。他曾经治过洪水有功，受舜禅让继帝位。

②菲：菲薄，不丰厚。

③黻冕(fú miǎn)：古代卿大夫的礼服与礼帽。黻，古时祭服；冕，祭祀礼帽。

④沟洫(xù)：借指水利。

子贡问政①。子曰："足食②，足兵③，民信之矣。"

子贡曰："必不得已而去，于斯三者何先?"曰："去兵。"

子贡曰："必不得已而去，于斯二者何先?"曰："去食。自古皆有死，民无信不立。"(《论语·颜渊第十二》)

【注释】

①子贡：端木赐(前520—前456)，复姓端木，字子贡。孔子的得意门生之一，孔门十哲之一，孔门弟子中的首富，儒商鼻祖。

②足食：食粮丰足。

③兵：在《五经》《论语》《孟子》等中，"兵"字通常指的是兵器，尽管有时也用来指代兵士。此处"兵"为兵器，译为军备。

尧曰①："咨②！尔舜③！天之历数在尔躬④，允执其中。四海困穷，天禄永终⑤。"舜亦以命禹。曰："予小子履敢用玄牡⑥，敢昭告于皇皇后帝：有罪不敢赦⑦。帝臣不蔽，简在帝心。朕躬有罪⑧，无以万方；万方有罪，罪在朕躬。"周有大赉⑨，善人是富。"虽有周亲，不如仁人。百姓有过，在予一人。"谨权量，审法度，修废官，四方之政行焉。兴灭国，继绝世，举逸民，天下之民归心焉。所重：民、食、丧、祭。宽则得众，信则民任焉，敏则有功，公则说。（《论语·尧曰第二十》）

【注释】

①尧（yáo）：中国古代的皇帝陶唐氏之号。生于伊，嗣后祁，故称伊祁氏；初封陶，后徙唐，又称"陶唐氏"。

②咨（zī）：表示赞赏，相当于"啧"。

③舜（shùn）：虞舜，姚姓，属有虞氏，继尧之后成为部落联盟领袖，因四岳推荐而为摄政王。他曾巡视四方，排除了鲧、共工、驩兜和三苗四人的威胁，并选择了禹作为继承人。

④历数：古谓帝王代天理民的顺序。躬（gōng）：身也。

⑤天禄：天赐的福禄。

⑥予小子：上古帝王自称之辞。玄牡：指古代祭祀用的黑色公牛。

⑦赦（shè）：免除和减轻刑罚。

⑧朕：我。秦朝以前人们皆可称朕。

⑨大赉（lài）：如同重赏。

梁惠王曰："寡人之于国也，尽心焉耳矣。河内凶①，则移其民于河东，移其粟于河内。河东凶亦然。察邻国之政，无如寡人之用心者，邻国之民不加少，寡人之民不加多，何也？"

孟子对曰："王好战，请以战喻。填然鼓之②，兵刃既接，弃甲曳兵而走，或百步而后止，或五十步而后止。以五十步笑百步，则何如？"

曰："不可。直不百步耳，是亦走也。"

曰："王如知此，则无望民之多于邻国也。不违农时，谷不可胜食也。数罟不入洿池③，鱼鳖不可胜食也。斧斤以时入山林，材木不可胜用也。谷与鱼鳖不可胜食，材木不可胜用，是使民养生丧死无憾也。养生丧死无憾，王道之始也。五亩之宅，树之以桑，五十者可以衣帛矣。鸡豚狗彘之畜④，无失其时，七十者可以食肉矣。百亩之田，勿夺其时，数口之家可以无饥矣。谨庠序之教，申之以孝悌之义⑤，颁白者不负戴于道路矣⑥。七十者衣帛食肉，黎民不饥不寒，然而不王者，未之有也。狗彘食人食而不知检，涂有饿莩而不知发⑦；人死，则曰：'非我也，岁也。'是何异于刺人而杀之，曰：'非我也，兵也。'王无罪岁，斯天下之民至焉。"（《孟子·梁惠王上三》）

【注释】

①凶：饥荒年。

②填然：指鼓声。鼓：名词做动词，击鼓。古时以鼓进，以金退。

③数罟（cù gǔ）：密的渔网。数，密；罟，渔网。

④豚（tún）：小猪，亦泛指猪。彘（zhì）：猪。

⑤申：反复陈明。孝：善事父母为孝。悌（tì）：善事兄长为悌。

⑥颁白：头发半白。颁，通"斑"。

⑦涂：同"途"，路。饿莩（è piǎo）：饿死的人。

梁惠王曰："寡人愿安承教①。"

孟子对曰："杀人以梃与刃②，有以异乎？"

曰："无以异也。"

"以刃与政，有以异乎？"

曰："无以异也。"

曰："庖有肥肉③，厩有肥马，民有饥色④，野有饿莩，此率兽而食人也。兽相食，且人恶之⑤，为民父母，行政不免于率兽而食人，恶在其为民父母也？仲尼曰：'始作俑者⑥，其无后乎？'为其象人而用之也。如之何其使斯民饥而死也！"（《孟子·梁惠王上四》）

【注释】

①安：愿意。

②梃（tǐng）：古时指杖。

③庖：古代厨房。

④饥色：因饥饿而脸色不好。

⑤恶（wù）：何。

⑥俑：古代殉葬用的土偶或木偶。

梁惠王曰："晋国①，天下莫强焉，叟之所知也。及寡人之身，东败于齐②，长子死焉；西丧地于秦七百里③；南辱于楚④。寡人耻之，愿比死者壹洒之⑤。如之何则可？"

孟子对曰："地方百里而可以王。王如施仁政于民，省刑罚，薄税敛⑥，深耕易耨⑦。壮者以暇日修其孝悌忠信⑧，入以事其父兄，出以事其长上，可使制梃以挞秦、楚之坚甲利兵矣。彼夺其民时，使不得耕耨以养其父母⑨，父母冻饿，兄弟妻子离散。彼陷溺其民⑩，王往而征之，夫谁与王敌？故曰：'仁者无敌。'王请勿疑。"（《孟子·梁惠王上五》）

【注释】

①晋国：在公元前 376 年，韩国、赵国和魏国将晋国分为三个部分，并自称为三晋，因此惠王也自称为晋。

②东败于齐：在公元前 342 年，魏国进攻韩国，韩国向齐国寻求援助。齐景公派孙武和田忌前往助楚抗击魏。齐国的孙

膑在马陵击败了魏军，魏国的将领庞涓选择了自刎而死，而太子申则被俘虏。

③西丧地于秦七百里：在马陵之役之后，魏国多次败给秦国，因此割让了十五城给秦国求和，并迁都至大梁。

④南辱于楚：在公元前324年，魏国遭到楚国的击败，失去了八个城邑。

⑤壹：都或全。

⑥税敛：税务收入。

⑦耨（nòu）：锄草。

⑧暇日：平常无事的日子。

⑨耕耨：耕作田地，除去杂草，泛指农耕作业。

⑩陷溺（xiàn nì）：谓使人处于水深火热之中，祸害人。

齐宣王见孟子于雪宫①。王曰："贤者亦有此乐乎？"

孟子对曰："有。人不得，则非其上矣②。不得而非其上者，非也。为民上而不与民同乐者，亦非也。乐民之乐者，民亦乐其乐；忧民之忧者，民亦忧其忧。乐以天下，忧以天下，然而不王者，未之有也。昔者，齐景公问于晏子曰③：'吾欲观于转附、朝儛，遵海而南，放于琅邪④，吾何修而可以比于先王观也？'晏子对曰：'善哉问也！天子适诸侯曰巡狩⑤，巡狩者，巡所守也。诸侯朝于天子曰述职，述职者，述所职也。无非事者。春省耕而补不足⑥，秋省敛而助不给⑦。夏谚曰："吾王不游，吾何以休？

吾王不豫，吾何以助?"一游一豫，为诸侯度。今也不然，师行而粮食，饥者弗食，劳者弗息。睊睊胥谗^⑧，民乃作慝^⑨。方命虐民，饮食若流，流连荒亡，为诸侯忧。从流下而忘反谓之流，从流上而忘反谓之连，从兽无厌谓之荒，乐酒无厌谓之亡。先王无流连之乐，荒亡之行。惟君所行也。'景公说^⑩，大戒于国，出舍于郊。于是始兴发补不足。召太师曰：'为我作君臣相说之乐。'盖《徵招》《角招》是也。其诗曰：'畜君何尤?'畜君者，好君也。"(《孟子·梁惠王下四》)

【注释】

①齐宣王：(大约前350—前301)，妫姓、田氏，名为辟疆，是战国时期齐国的君主，也是齐威王的儿子。雪宫：也被称为离宫。

②非：表达不满或抱怨。

③齐景公：春秋时期齐国的统治者，姓姜，名为杵臼，庄公的庶出弟弟。

④琅邪：山的名称，位于现今的山东诸城的东南方向。

⑤巡狩：巡视并检查天子守护的各个诸侯的领土。

⑥省耕：古代帝王视察春耕。

⑦省敛：古代帝王巡视秋收。

⑧睊睊(juàn)：侧目而视的样子。

⑨慝(tè)：恶。

⑩说：同"悦"，高兴。

"圣王不作，诸侯放恣^①，处士横议^②，杨朱、墨翟之言盈天下^③。天下之言不归杨则归墨。杨氏为我，是无君也；墨氏兼爱，是无父也。无父无君是禽兽也。公明仪曰^④：'庖有肥肉，厩有肥马^⑤，民有饥色，野有饿莩，此率兽而食人也。'杨墨之道不息，孔子之道不著，是邪说诬民^⑥，充塞仁义也^⑦。仁义充塞则率兽食人，人将相食。吾为此惧，闲先圣之道，距杨墨^⑧，放淫辞^⑨，邪说者不得作。作于其心，害于其事；作于其事，害于其政。圣人复起，不易吾言矣。(《孟子·滕文公下九》)

【注释】

　　①放恣(zī)：放纵任性。

　　②处(chǔ)士：有才德而隐居不仕的人。横(héng)议：恣意议论。

　　③杨朱：杨姓，字子居，魏国人。

　　④公明仪：战国时期著名音乐家，擅长作曲和演奏七弦琴。"对牛弹琴"这一典故与其有关。

　　⑤厩(jiù)：马棚。

　　⑥诬民：欺蒙百姓。

　　⑦充塞(sè)：闭塞；阻绝。

　　⑧距：通"拒"，排斥。

　　⑨放：驳斥或贬斥。

陈子曰①："古之君子何如则仕？"

孟子曰："所就三，所去三。迎之致敬以有礼，言将行其言也，则就之；礼貌未衰②，言弗行也，则去之。其次，虽未行其言也，迎之致敬以有礼，则就之；礼貌衰，则去之。其下，朝不食，夕不食，饥饿不能出门户。君闻之曰：'吾大者不能行其道，又不能从其言也，使饥饿于我土地，吾耻之。'周之③，亦可受也，免死而已矣。"（《孟子·告子下十四》）

【注释】

①陈子：陈臻，孟子的弟子。

②礼貌：古代指礼节或态度。

③周：接济、救助。

箪食瓢饮，乐哉乐哉

在儒家的价值观中，认为应该要先义而后利。孔子有"饭疏食"的意趣，他欣赏弟子颜回、子路二人不为清贫生活困扰的高尚品质，对于粗茶淡饭，他们也乐在其中。孔子曾赞美颜回："一箪食，一瓢饮，在陋巷，人不堪其忧，回也不改其乐。"这不仅仅是对颜回生活状态的描述，更是一种对于超脱物质追求、坚持精神追求的高度赞扬。

在儒家看来，富贵荣华虽好，但更高的追求在于心灵的充实与道德的完善。他们主张在朴素无华的生活中寻找生命的真谛，探索更加高远的精神境界。因此，儒家不仅仅提倡节俭的生活方式，更强调追求精神世界的富足与深邃。

子曰："士志于道^①，而耻恶衣恶食者^②，未足与议也。"（《论语·里仁第四》）

【注释】

①志：追求。

②恶衣恶食：这里指粗茶淡饭。

子曰："贤哉，回也！一箪食^①，一瓢饮，在陋巷，人不堪其忧，回也不改其乐。贤哉，回也！"（《论语·雍也第六》）

【注释】

①箪：古代盛饭的圆竹器。

子曰："饭疏食饮水^①，曲肱而枕之^②，乐亦在其中矣。不义而富且贵，于我如浮云。"（《论语·述而第七》）

【注释】

①疏食：粗粝的饭食，糙米饭。水：冷水。

②肱（gōng）：胳膊。

叶公问孔子于子路①，子路不对。子曰："女奚不曰，'其为人也，发愤忘食，乐以忘忧，不知老之将至云尔②。'"（《论语·述而第七》）

【注释】

①叶公：此人叫沈诸梁，字子高，是当时的一位贤者。

②云尔：如此而已。

子曰："三年学，不至于谷①，不易得也。"（《论语·泰伯第八》）

【注释】

①谷：古代以谷米为俸禄，所以"谷"有"禄"的意思。

或问子产。子曰："惠人也。"

问子西①。曰："彼哉！彼哉②！"

问管仲。曰："人也。夺伯氏骈邑三百③，饭疏食，没齿无怨言。"（《论语·宪问第十四》）

【注释】

①子西：公孙夏。

②彼哉！彼哉：当时表示轻视的习惯语。

③伯氏：齐国的大夫，皇侃《义疏》云："伯氏名偃。"不知何据。骈邑：地名。《积古斋钟鼎彝器款识》中提及：山东临朐县柳山寨有古城的城基，即春秋的骈邑。

子曰："君子谋道不谋食。耕也，馁在其中矣；学也，禄在其中矣。君子忧道不忧贫。"（《论语·卫灵公第十五》）

孟子谓乐正子曰："子之从于子敖来，徒铺啜也[①]。我不意子学古之道而以铺啜也。"（《孟子·离娄上二十五》）

【注释】

①铺（bū）：吃。啜（chuò）：喝。

禹、稷当平世[①]，三过其门而不入，孔子贤之。颜子当乱世[②]，居于陋巷，一箪食，一瓢饮，人不堪其忧，颜子不改其乐，孔子贤之。孟子曰："禹、稷、颜回同道。禹思天下有溺者，由己溺之也；稷思天下有饥者，由己饥之也，是以如是其急也。禹、稷、颜子易地则皆然。今有同室之人斗者，救之，虽被发缨冠而救之，可也；乡邻有斗者，被发缨冠而往救之[③]，则惑也，虽闭户可也。"（《孟子·离娄下二十九》）

【注释】

①平世：世道太平。

②颜子：颜渊，字回，是孔子的弟子。

③被：同"披"。缨：帽子上的系带，这里指戴帽。

万章问曰："敢问友。"

孟子曰："不挟长，不挟贵、不挟兄弟而友[①]。友也者，友其德也，不可以有挟也。孟献子②，百乘之家也，有友五人焉：乐正裘、牧仲，其三人，则予忘之矣。献子之与此五人者友也，无献子之家者也。此五人者，亦有献子之家，则不与之友矣。非惟百乘之家为然也，虽小国之君亦有之。费惠公曰③：'吾于子思，则师之矣；吾于颜般，则友之矣；王顺、长息则事我者也。'非惟小国之君为然也，虽大国之君亦有之。晋平公之于亥唐也，入云则入，坐云则坐，食云则食。虽蔬食菜羹④，未尝不饱，盖不敢不饱也。然终于此而已矣，弗与共天位也，弗与治天职也，弗与食天禄也，士之尊贤者也，非王公之尊贤。舜尚见帝⑤，帝馆甥于贰室⑥，亦飨舜，迭为宾主，是天子而友匹夫也。用下敬上，谓之贵贵；用上敬下，谓之尊贤。贵贵、尊贤，其义一也。"
（《孟子·万章下三》）

【注释】

①挟：凭借，依仗。

②孟献子：鲁国的大夫仲孙蔑。

③费惠公：费国的君主。

④蔬食：粗疏的饭食。蔬，同"疏"。

⑤尚：通"上"。

⑥甥：古代指女婿。贰室：副宫。

孟子曰："舜之饭糗茹草也①，若将终身焉。及其为天子也，被袗衣②，鼓琴，二女果③，若固有之。"（《孟子·尽心下六》）

①糗：干粮。茹：吃。

②袗衣：一说麻葛单衣。一说绘绣有文采的华贵衣服。这里指麻布单衣。

③果：女侍。此处用作动词，侍候。

往来无"白食"，义哉气哉

在《论语·里仁》中，有这样一段至理名言："富与贵，是人之所欲也，不以其道得之，不处也。贫与贱，人之所恶也，不以其道得之，不去也。"这是儒家对于"谋道而不谋食"的崇高追求。尽管食物为维持生命所必需，但小人往往因饥饿而不顾选择，君子则明辨是非，知晓何谓可食之物，何谓禁忌。

孟子，作为孔子思想的继承者与发展者，更是将这种对道义的追求推向了极致，他崇尚那种"不受嗟来之食"的高尚气节。人的尊严和坚持，源自内心深处对理想的执着追求。孟子曾言"舍生而取义"，曾子亦有云："士不可以不弘毅，任重而道远。"在这些思想中，我们看到的是一种在义与利冲突中，坚定选择维护内心信念的壮志与决心。而这样的信念和决心，也常常会借由饮食之语表现出来。

宪问耻。子曰："邦有道，谷；邦无道，谷，耻也。""克、伐、怨、欲不行焉，可以为仁矣？"子曰："可以为难矣，仁则吾不知也。"（《论语·宪问第十四》）

子曰："吾尝终日不食，终夜不寝，以思，无益，不如学也。"（《论语·卫灵公第十五》）

子曰："事君，敬其事而后其食。"（《论语·卫灵公第十五》）

佛肸召①，子欲往。

子路曰："昔者由也闻诸夫子曰：'亲于其身为不善者，君子不入也。'佛肸以中牟畔②，子之往也，如之何？"

子曰："然，有是言也。不曰坚乎，磨而不磷③；不曰白乎，涅而不缁④。吾岂匏瓜也哉⑤？焉能系而不食？"（《论语·阳货第十七》）

【注释】

①佛肸：晋国赵简子攻打范中行，佛肸是范中行的家臣，为中牟的县长，以中牟来抵抗赵简子。

②中牟：春秋时的晋邑。

③磷（lìn）：薄。

④涅：本是一种矿物，用作黑色染料，这里作动词，染黑之意。

⑤匏瓜：匏子，一种食物。

子曰："饱食终日，无所用心，难矣哉！不有博弈者乎①？为之，犹贤乎已。"（《论语·阳货第十七》）

【注释】

①博：古代指一种棋类的游戏。

子路从而后，遇丈人，以杖荷蓧①。

子路问曰："子见夫子乎？"

丈人曰："四体不勤，五谷不分。孰为夫子？"植其杖而芸。

子路拱而立。

止子路宿，杀鸡为黍而食之②，见其二子焉。

明日，子路行以告。

子曰："隐者也。"使子路反见之。至，则行矣。

子路曰："不仕无义。长幼之节，不可废也；君臣之义，如之何其废之？欲洁其身，而乱大伦。君子之仕也，行其义也。道之不行，已知之矣。"（《论语·微子第十八》）

【注释】

①蓧（diào）：古代做农活时的除草工具。

②黍：黄米。

齐人伐燕①，胜之。宣王问曰："或谓寡人勿取，或谓寡人取之。以万乘之国伐万乘之国，五旬而举之，人力不至于此。不取必有天殃。取之何如？"

孟子对曰："取之而燕民悦，则取之。古之人有行之者，武王是也。取之而燕民不悦，则勿取。古之人有行之者，文王是也。以万乘之国伐万乘之国，箪食壶浆②，以迎王师。岂有他哉？避水火也。如水益深，如火益热，亦运而已矣。"（《孟子·梁惠王下十一》）

【注释】

①齐人伐燕：在齐宣王统治的第五年，燕王哙（kuài）将国家交给了他的相子，导致国家陷入混乱。齐伐燕，燕士卒不立。城门未闭，齐于是大获全胜。

②箪（dān）：古代盛饭的圆竹器。浆：饮料。

今燕虐其民，王往而征之。民以为将拯己于水火之中也，箪食壶浆，以迎王师。若杀其父兄，系累其子弟①，毁其宗庙，迁其重器②，如之何其可也？天下固畏齐之强也，今又倍地而不行仁政，是动天下之兵也。王速出令，反其旄倪③，止其重器，谋于燕众，置君而后去之，则犹可及止也。"（《孟子·梁惠王下十一》）

【注释】

①系累：捆，绑某物。

②重器：宝器。

③旄（mào）：通"耄"，八九十岁的老人。倪：幼儿。

彭更问曰①："后车数十乘②，从者数百人，以传食于诸侯③，不以泰乎④？"

孟子曰："非其道，则一箪食不可受于人⑤；如其道，则舜受尧之天下不以为泰，子以为泰乎？"

曰："否，士无事而食，不可也。"

曰："子不通功易事⑥，以羡补不足，则农有余粟，女有余布；子如通之，则梓匠轮舆皆得食于子⑦。于此有人焉，入则孝，出则悌，守先王之道，以待后之学者，而不得食于子，子何尊梓匠轮舆而轻为仁义者哉？"

曰："梓匠轮舆，其志将以求食也；君子之为道也，其志亦将以求食与？"

曰："子何以其志为哉？其有功于子，可食而食之矣。且子食志乎⑧？食功乎⑨？"

曰："食志。"

曰："有人于此，毁瓦画墁⑩，其志将以求食也，则子食之乎？"

曰："否。"

曰："然则子非食志也，食功也。"（《孟子·滕文公下四》）

【注释】

①彭更：孟子的弟子。

②后车：后面跟随的车子。

③传食：辗转就餐。

④泰：奢侈。

⑤一箪（dān）食：古代用竹器盛食物。

⑥通功易事：这里指不同行业之间互相交换自己产品。

⑦梓匠：木工。轮舆：造车匠。

⑧食志：凭目的所获酬劳。

⑨食功：凭贡献所获酬劳。

⑩画墁（màn）：污损墙壁，随意刻画。

万章问曰①："宋，小国也，今将行王政，齐楚恶而伐之，则如之何？"

孟子曰："汤居亳②，与葛为邻，葛伯放而不祀。汤使人问之曰：'何为不祀？'曰：'无以供牺牲也。'汤使遗之牛羊。葛伯食之，又不以祀。汤又使人问之曰：'何为不祀？'曰：'无以供粢盛也③。'汤使亳众往为之耕，老弱馈食④。葛伯率其民，要其有酒食黍稻者夺之⑤，不授者杀之。有童子以黍肉饷⑥，杀而夺之。《书》曰：'葛伯仇饷'，此之谓也。为其杀是童子而征之，四海之内皆曰：'非富天下也，为匹夫匹妇复仇也。'汤始征，自葛载⑦，十一征

而无敌于天下。"(《孟子·滕文公下五》)

【注释】

　①万章：孟子弟子。

　②亳（bó）：地名，现在的河南商丘地带。

　③粢盛（zī chéng）：古代盛在祭器内以供祭祀的谷物。

　④馈：赠予。

　⑤要：拦阻。

　⑥饷：送的食物。

　⑦载：开始。

　齐人有一妻一妾而处室者，其良人出则必餍酒肉而后反①。其妻问所与饮食者，则尽富贵也。其妻告其妾曰："良人出，则必餍酒肉而后反，问其与饮食者，尽富贵也，而未尝有显者来，吾将瞷良人之所之也②。"蚤起③，施从良人之所之，遍国中无与立谈者。卒之东郭墦间④，之祭者，乞其余，不足，又顾而之他，此其为餍足之道也。其妻归，告其妾，曰："良人者，所仰望而终身也。今若此!"与其妾讪其良人⑤，而相泣于中庭。而良人未之知也，施施从外来⑥，骄其妻妾。由君子观之，则人之所以求富贵利达者，其妻妾不羞也而不相泣者，几希矣! （《孟子·离娄下三十三》)

【注释】

　①餍：饱食。

②睸：窥探。

③蚤：同"早"。

④墦（fán）：坟墓。

⑤讪：讥嘲。

⑥施施：扬扬得意。

孟子曰："鱼，我所欲也，熊掌亦我所欲也。二者不可得兼，舍鱼而取熊掌者也。生亦我所欲也，义亦我所欲也。二者不可得兼，舍生而取义者也。生亦我所欲，所欲有甚于生者，故不为苟得也；死亦我所恶，所恶有甚于死者，故患有所不辟也。如使人之所欲莫甚于生，则凡可以得生者，何不用也？使人之所恶莫甚于死者，则凡可以辟患者，何不为也？由是则生而有不用也，由是则可以辟患而有不为也。是故所欲有甚于生者，所恶有甚于死者，非独贤者有是心也，人皆有之，贤者能勿丧耳。

"一箪食，一豆羹①，得之则生，弗得则死。嘑尔而与之②，行道之人弗受；蹴尔而与之③，乞人不屑也。万钟则不辩礼义而受之④。万钟于我何加焉？为宫室之美、妻妾之奉、所识穷乏者得我与⑤？乡为身死而不受⑥，今为宫室之美为之；乡为身死而不受，今为妻妾之奉为之；乡为身死而不受，今为所识穷乏者得我而为之，是亦不可以已乎？此之谓失其本心。"（《孟子·告子上十》）

【注释】

①豆：古代盛食物的木制器。

②嘑尔：指轻蔑地斥责、呼喝。嘑，同"呼"。

③蹴（cù）：践踏。

④万钟：指俸禄丰厚。钟，古代计量单位。

⑤得：指感激，动词，通"德"。

⑥乡：以往，向来，同"向"。

公孙丑曰："《诗》曰：'不素餐兮。'君子之不耕而食，何也？"

孟子曰："君子居是国也，其君用之，则安富尊荣；其子弟从之，则孝悌忠信。'不素餐兮'，孰大于是？"（《孟子·尽心上三十二》）

孟子曰："仲子①，不义与之齐国而弗受，人皆信之。是舍箪食豆羹之义也②。人莫大焉亡亲戚、君臣、上下③。以其小者信其大者，奚可哉？"（《孟子·尽心上三十四》）

【注释】

①仲子：也就是陈仲子。

②舍箪食豆羹：一箪饭食，一豆羹汤。谓少量饮食或喻小利。

③焉：于是。

养生与礼仪，优哉悠哉

孔子曾提出"仁者寿"(《论语·雍也》)这一观点，这是中国古代最早具有理论意义的养生学观点之一。他从仁与寿的辩证关系角度探讨了养生问题，认为"仁"与"寿"在某种层面上可理解为"养心"与"养生"的辩证统一。孟子亦提出"守中和，节情欲；养心性，重理义"等养生观念，强调欲"养身"，先"养心"。

养生之道与科学饮食息息相关。孔子亦强调营养均衡、注意饮食卫生、按时进餐，以及"食不撤姜"等科学饮食理念。在春秋时期，人们对科学饮食的认知尚显浅薄，食物中毒事件频发。针对此问题，孔子曾警示世人关注饮食卫生。当饮食卫生与礼仪产生冲突时，孔子会毫不犹豫地选择前者。因此，他在饮食卫生上主张"鱼馁而肉败不食""色恶不食""臭恶不食"(《论语·乡党》)。同时，孔子还强调饮食需营养均衡，在《论语》中明确记载了"肉虽多，不使胜食气"的观念。

儒家饮食中的养生与礼仪亦是相辅相成。在《论语》的《乡党》一章中，专门记载了孔子的饮食起居及日常行为礼仪，这些礼仪充满了人情味。如"子食于有丧者之侧，未尝饱也"（《论语·述而》）。孔子在有丧事的人旁边用餐，从未饱食。其背后的原因，在于表达对对方的哀悼与同情。孔子不仅自己重视饮食礼仪，还教导学生亦应如是。

子夏问孝。子曰："色难。有事，弟子服其劳；有酒食，先生馔①，曾是以为孝乎②?"（《论语·为政第二》）

【注释】

①馔：吃喝。

②曾（céng）：竟然。

子食于有丧者之侧，未尝饱也。（《论语·述而第七》）

子曰："出则事公卿，入则事父兄①，丧事不敢不勉，不为酒困，何有于我哉②? （《论语·子罕第九》）

【注释】

①父兄：长者。

②何有于我哉：这些事对我有什么困难呢？

齐①，必有明衣，布。

齐必变食，居必迁坐②。（《论语·乡党第十》）

①齐：同"斋"。

②迁坐：改变卧室。

食不厌精，脍不厌细。

食饐而餲①，鱼馁而肉败②，不食。色恶，不食。臭恶，不食。失饪，不食。不时，不食。割不正，不食。不得其酱，不食。

肉虽多，不使胜食气。

唯酒无量，不及乱。

沽酒市脯不食。

不撤姜食。不多食。(《论语·乡党第十》)

【注释】

①饐(yì)而餲(ài)：食物时间长而腐臭。

②馁：鱼腐烂。败：肉腐烂。

祭于公，不宿肉①。祭肉不出三日②。出三日，不食之矣。(《论语·乡党第十》)

【注释】

①不宿肉：参加国君祭祀典礼分到的肉，不能过夜。

②祭肉：这一祭肉或者指自己家中的，或者指朋友送来的，都可以。

食不语，寝不言。(《论语·乡党第十》)

虽疏食菜羹，瓜祭①，必齐如也。(《论语·乡党第十》)

【注释】

①瓜祭：吃饭前将席上各种食物拿出少许，放在器具之间，祭最初发明饮食的人。《左传》叫泛祭。

乡人饮酒①，杖者出，斯出矣。(《论语·乡党第十》)

【注释】

①乡人饮酒：即行乡饮酒礼。

君赐食，必正席先尝之。君赐腥，必熟而荐之①；君赐生，必畜之。

侍食于君，君祭，先饭。(《论语·乡党第十》)

【注释】

①荐：进奉。

朋友之馈①，虽车马，非祭肉，不拜。(《论语·乡党第十》)

【注释】

①馈：泛指赠送。

见齐衰者，虽狎，必变。见冕者与瞽者，虽亵，必以貌。

凶服者式之^①。式负版者^②。

有盛馔，必变色而作。

迅雷风烈必变。(《论语·乡党第十》)

【注释】

①式：同"轼"，古代车前木，这里用作动词，指扶轼。

②版：国家图籍。

齐景公问政于孔子。孔子对曰："君君，臣臣，父父，子子。"公曰："善哉！信如君不君，臣不臣，父不父，子不子，虽有粟，吾得而食诸？"(《论语·颜渊第十二》)

宰我问："三年之丧，期已久矣。君子三年不为礼，礼必坏；三年不为乐，乐必崩。旧谷既没，新谷既升，钻燧改火^①，期可已矣^②。"

子曰："食夫稻，衣夫锦，于女安乎？"

曰："安。"

"女安，则为之！夫君子之居丧，食旨不甘，闻乐不乐，居处不安，故不为也。今女安，则为之！"

宰我出。子曰："予之不仁也！子生三年，然后免于父母之怀。夫三年之丧，天下之通丧也，予也有三年之爱于其父母乎！"(《论语·阳货第十七》)

①钻燧改火：古时钻木取火，因季节不同而用不同的木材。

②期（jī）：一年。

滕定公薨①，世子谓然友曰②："昔者孟子尝与我言于宋，于心终不忘。今也不幸至于大故③，吾欲使子问于孟子，然后行事。"

然友之邹问于孟子④。

孟子曰："不亦善乎！亲丧固所自尽也⑤。曾子曰：'生，事之以礼；死，葬之以礼，祭之以礼，可谓孝矣⑥。'诸侯之礼，吾未之学也，虽然，吾尝闻之矣。三年之丧，齐疏之服⑦，飦粥之食，自天子达于庶人，三代共之。"

然友反命，定为三年之丧。父兄百官皆不欲，曰："吾宗国鲁先君莫之行，吾先君亦莫之行也，至于子之身而反之，不可。且《志》曰：'丧祭从先祖。'曰：'吾有所受之也。'"

谓然友曰："吾他日未尝学问，好驰马试剑。今也父兄百官不我足也，恐其不能尽于大事，子为我问孟子。"

然友复之邹问孟子。

孟子曰："然。不可以他求者也。孔子曰：'君薨，听于冢宰。歠粥⑧，面深墨，即位而哭，百官有司莫敢不哀，先之也。'上有好者，下必有甚焉者矣。'君子之德，风也；小人之德，草也。草尚之风，必偃。'是在世子。"

然友反命。

世子曰："然，是诚在我。"

五月居庐，未有命戒。百官族人可，谓曰知。及至葬，四方来观之，颜色之戚，哭泣之哀，吊者大悦。(《孟子·滕文公上二》)

【注释】

①薨(hōng)：死，诸侯去世叫作薨。

②然友：人名，这里指滕文公的老师。

③大故：重大变故，这句话是用来委婉描述父亲去世的。

④然友之邹问于孟子：当孟子身处邹时，邹与滕的距离并不遥远，因此孟子可以在询问后采取相应的行动。

⑤亲丧固所自尽也：本自《论语·子张》曾子语"吾闻诸夫子，人未有自致者也，必也亲丧乎"。自尽，倾尽心力。

⑥曾子曰：下面是《论语·为政》中孔子曾经说过的话。这里提到的是曾子的话，但可能有其他的依据。

⑦齐(zī)疏之服：粗布制成的缝边丧服。齐，缝边；疏，粗布。

⑧歠(chuò)粥：喝粥。

周霄问曰①："古之君子仕乎?"

孟子曰："仕。《传》曰：'孔子三月无君，则皇皇如也②，出疆必载质③。'公明仪曰：'古之人三月无君则吊④。'"

"三月无君则吊，不以急乎?"

曰："士之失位也，犹诸侯之失国家也。《礼》曰：'诸侯耕助以供粢盛，夫人蚕缫以为衣服⑤。牺牲不成，粢盛不絜，衣服不备，不敢以祭。惟士无田，则亦不祭。'牺杀、器皿、衣服不备，不敢以祭，则不敢以宴，亦不足吊乎?"

"出疆必载质，何也?"

曰："士之仕也，犹农夫之耕也，农夫岂为出疆舍其耒耜哉⑥?"

曰："晋国亦仕国也⑦，未尝闻仕如此其急。仕如此其急也，君子之难仕，何也?"

曰："丈夫生而愿为之有室，女子生而愿为之有家。父母之心人皆有之。不待父母之命、媒妁之言，钻穴隙相窥，逾墙相从，则父母国人皆贱之。古之人未尝不欲仕也，又恶不由其道。不由其道而往者，与钻穴隙之类也。"（《孟子·滕文公下三》）

【注释】

①周霄：魏人。

②皇皇如：惶恐的样子。

③质：通"贽"，古代初次见面所赠礼品。

④吊：伤心。

⑤缫（sāo）：蚕茧浸在沸水里抽出丝。

⑥耒耜：干活用的农具。

⑦仕国：易于出仕的国家。

公孙丑问曰："不见诸侯，何义？"

孟子曰："古者不为臣不见。段干木逾垣而辟之^①，泄柳闭门而不内^②，是皆已甚。迫，斯可以见矣。阳货欲见孔子^③，而恶无礼，大夫有赐于士，不得受于其家，则往拜其门。阳货瞰孔子之亡也^④，而馈孔子蒸豚，孔子亦瞰其亡也，而往拜之。当是时，阳货先，岂得不见？曾子曰：'胁肩谄笑^⑤，病于夏畦。'子路曰：'未同而言，观其色赧赧然^⑥，非由之所知也。'由是观之^⑦，则君子之所养可知已矣。"（《孟子·滕文公下七》）

【注释】

①段干木：古代一名贤者。魏文侯要登门见他，他却翻墙躲避。

②内：同"纳"。

③阳货：鲁国的大夫。

④瞰：窥伺。

⑤胁肩：耸起肩表恭敬。谄笑：强行装出来的笑容。

⑥赧（nǎn）赧：因惭愧而脸红。

⑦由：指子路，孔子门徒。

淡泊归真的道家

返璞归真的野蔌山肴

"山中无甲子，花果自春秋。"这句古语道出了自然界的法则——万物生长收藏，自有其序。这与道家倡导的"顺其自然""保持本真"的哲学思想不谋而合。道家对于养生之道尤为重视，饮食方面主张清淡素食，注重食材间的搭配与调和，旨在通过这样的饮食习惯来达到营养均衡、健康长寿的目的。

在他们眼中，野菜和野果的食用无须繁复的烹饪过程，简单的生食、凉拌或是用来熬制汤品，既能保留食材本身的鲜美风味，又能起到清热解毒、安神镇静、增强免疫力的保健作用。

道家不仅将野菜、野果作为满足口腹之欲的食物，更借此宣扬其深邃的思想理念。《庄子·内篇·人间世》中有云："夫柤梨橘柚果蓏之属，实熟则剥，剥则辱；大枝折，小枝泄。"以山楂、梨、橘、柚等果树因成熟而被采撷、损伤的情景为例，隐喻了道家倡导的"无为"哲学——宁愿成为"不材之木"，保持清净无为的思想。

匠石之齐①，至乎曲辕②，见栎社树③。其大蔽数千牛，絜之百围④，其高临山十仞而后有枝⑤，其可以为舟者旁十数。观者如市，匠伯不顾⑥，遂行不辍。

弟子厌观之⑦，走及匠石，曰："自吾执斧斤以随夫子，未尝见材如此其美也。先生不肯视，行不辍，何邪？"

曰："已矣，勿言之矣！散木也⑧。以为舟则沉，以为棺椁则速腐，以为器则速毁，以为门户则液樠⑨，以为柱则蠹。是不材之木也，无所可用，故能若是之寿。"

匠石归，栎社见梦曰⑩："女将恶乎比予哉？若将比予于文木邪？夫柤梨橘柚果蓏之属⑪，实熟则剥，剥则辱。大枝折，小枝泄⑫。此以其能苦其生者也，故不终其天年而中道夭，自掊击于世俗者也。物莫不若是。且予求无所可用久矣！几死，乃今得之，为予大用。使予也而有用，且得有此大也邪？且也，若与予也皆物也，奈何哉其相物也⑬？而几死之散人，又恶知散木！"

匠石觉而诊其梦⑭。弟子曰："趣取无用，则为社何邪？"

曰："密⑮！若无言！彼亦直寄焉！以为不知己者诟厉也。不为社者，且几有翦乎！且也，彼其所保与众异，而以义喻之，不亦远乎！"（《庄子·人间世》）

【注释】

①匠石：匠，其名为石。之：往。

②曲辕：虚拟的地名。

③栎（lì）社树：把栎树当作社神。

④絜（xié）：用绳子度量粗细。围：两手合抱。

⑤临山：高出山头。从上往下看称"临"。

⑥匠伯：工匠之长。这里指匠石。

⑦厌观：饱看，看个够。

⑧散木：无用之木。

⑨液樠（mán）：脂液渗出。

⑩见梦：托梦。

⑪柤（zhā）：山楂。果蓏（luǒ）：树木所结的果实叫果，瓜类等地上蔓生植物的果实叫蓏。

⑫泄（yè）：通"抴"，牵扯。

⑬相：视。

⑭诊：通"畛"，告。

⑮密：闭，闭嘴。

孔子西游于卫①。颜渊问师金曰："以夫子之行为奚如？"

师金曰："惜乎，而夫子其穷哉②！"

颜渊曰："何也？"

师金曰："夫刍狗之未陈也③，盛以箧衍④，巾以文绣⑤，尸祝齐戒以将之⑥；及其已陈也，行者践其首脊，苏者取而爨之而已⑦。将复取而盛以箧衍，巾以文绣，游居寝卧其下，彼不得梦⑧，必且数眯焉⑨。今而夫子亦取先王已陈刍狗，聚弟子游居寝卧其下。故伐树于宋⑩，削迹于卫，穷于商周，是非其梦邪？围于陈蔡之间，七日不火食，死生相与邻，是非其眯邪？夫水行莫如用舟，而陆行莫如用车。以舟之可行于水也，而求推之于陆，则没世不行寻常。古今非水陆与？周鲁非舟车与？今蕲行周于鲁⑪，是犹推舟于陆也！劳而无功，身必有殃。彼未知夫无方之传⑫，应物而不穷者也。且子独不见夫桔槔者乎？引之则俯，舍之则仰。彼，人之所引，非引人也。故俯仰而不得罪于人。故夫三皇五帝之礼义法度⑬，不矜于同⑭，而矜于治。故譬三皇五帝之礼义法度，其犹柤梨橘柚邪！其味相反，而皆可于口。故礼义法度者，应时而变者也。今取猨狙而衣以周公之服，彼龁啮挽裂⑮，尽去而后慊⑯。观古今之异，犹猨狙之异乎周公也。故西施病心而矉其里，其里之丑人见而美之，归亦捧心而矉其里。其里之富人见之，坚闭门而不出；贫人见之，挈妻子而去走。彼知矉美而不知矉之所以美。惜乎！而夫子其穷哉！"

（《庄子·天运》）

【注释】

①游：游说。卫：春秋时卫国。

②"惜乎"二句：惜，可怜。而，通"尔"，这里指你的意思。

③刍狗：指的是用草编成的狗，是古代祭祀时使用的一种

物品。

④箧（qiè）：箱子。衍：笱，小方竹箱。

⑤巾：用作动词，这里指用巾帛包裹。

⑥尸祝：主祭的巫师。齐：通"斋"。将：送。

⑦苏者：取草烧饭的人。爨（cuàn）：烧火做饭。

⑧彼：指复取刍狗的人。

⑨且：将。数：屡次。眯（mì）：被妖魔惊吓。

⑩伐树于宋：孔子与其弟子曾在宋国的一棵大树下讲习礼法。宋国司马桓魋想杀孔子，孔子逃走后，桓魋一气之下，把那棵大树砍掉了。

⑪蕲：期求。

⑫彼：指孔子。无方之传：谓运转无常规。方，常；传，转，运动。

⑬三皇：这里指燧人、伏羲、神农（《尚书大传》）。亦指伏羲、神农、黄帝（孔安国《尚书序》）。五帝：这里指少昊、颛顼、高辛、唐尧、虞舜（孔安国《尚书序》）。

⑭矜：尚，崇尚。

⑮龁（hé）：通常指用牙齿咬断或咬碎。在古文中有时也用来形容动物的咬合动作。啮（niè）：咬。挽裂：扯裂。

⑯慊（qiè）：满意。

养生之道，药食同源

　　食物，在人类的日常生活中，本是满足口腹之欲与滋养身体的基本要素。追溯至千年之前，道家的智者们已洞悉了食物在日常生活中所蕴含的药用与营养治疗之奥妙，并将之纳入修道养生的精髓之中。在古老的道家经典里，记载了众多药酒、药膳、药茶，以及那些既可入药又能滋养身体的植物、谷物与蔬菜。例如，《庄子》在其《逍遥游》一篇中提及的"樗"，便拥有清热燥湿、收涩止带的奇特效用；而在《渔父》一篇中所述的"苇"，则能清热解津、利尿通淋、止血解毒。随着历史观念的发展，道家将"顺其自然"这一哲学理念，深刻地融入对疾病的预防与治疗之中——相较于直接服用药物，更倡导一种温和而细腻的"食疗"方式。此外，阴阳调和的哲理也被巧妙地运用于对药物、食物及人体的深度理解之中。"天食人以五气，地食人以五味"，通过食疗的实践，道家追求的是达到天人合一的至高境界。

　　惠子谓庄子曰："吾有大树，人谓之樗①。其大本拥肿而不中绳墨②，其小枝卷曲而不中规矩，立之涂，匠者不顾。今子之言，大而无用，众所同去也。”

庄子曰：“子独不见狸狌乎③？卑身而伏，以候敖者④；东西跳梁⑤，不辟高下⑥；中于机辟⑦，死于罔罟⑧。今夫斄牛⑨，其大若垂天之云。此能为大矣，而不能执鼠。今子有大树，患其无用，何不树之于无何有之乡，广莫之野，彷徨乎无为其侧，逍遥乎寝卧其下？不夭斤斧，物无害者，无所可用，安所困苦哉！”（《庄子·逍遥游》）

【注释】

①樗（chū）：臭椿，可作药用。落叶乔木，有臭味，木质粗劣。

②拥肿：指木瘤集结。拥，通“痈”，肿。绳墨：木匠用来取直的墨线。

③狸：野猫。狌（shēng）：黄鼠狼。

④敖者：指游玩的小动物。敖，游玩、出游。

⑤跳梁：又写作“跳踉”“跳浪”，跳跃。

⑥辟：躲避，避开。此义现写作“避”。

⑦机辟：泛指捕兽器具。

⑧罔：同“网”，“网”（網）是后起字。罟（gǔ）：网。

⑨斄（lí）牛：牦牛。

孔子愀然曰：“请问何谓真？”

客曰：“真者，精诚之至也。不精不诚，不能动人。故强哭者，虽悲不哀；强怒者，虽严不威；强亲者，虽笑不和。真悲无声而哀，真怒未发而威，真亲未笑而和。真在内者，神动于外，是所以贵真也。其用于人理也①，事亲则慈孝，事君则忠贞，饮酒则欢乐，处丧则悲哀。忠贞以功为主，饮酒以乐为主，处丧以哀为主，事亲以适为主，功成之美，无一其迹矣②；事亲以适，不论所以矣；饮酒以乐，不选其具矣；处丧以哀，无问其礼矣。礼者，世俗之所为也；真者，所以受于天也，自然不可易也。故圣人法天贵真，不拘于俗。愚者反此，不能法天而恤于人③，不知贵真，禄禄而受变于俗④，故不足。惜哉，子之蚤湛于人伪⑤，而晚闻大道也！"

孔子又再拜而起曰："今者丘得遇也，若天幸然。先生不羞而比之服役，而身教之。敢问舍所在，请因受业而卒学大道。"

客曰："吾闻之：可与往者与之，至于妙道；不可与往者，不知其道，慎勿与之，身乃无咎。子勉之！吾去子矣，吾去子矣！"乃刺船而去，延缘苇间。（《庄子·渔父》）

【注释】

①人理：人伦。

②迹：形迹，指形式、方法。

③恤于人：忧心于人事。恤，忧。

④禄禄：也作"碌碌"。

⑤蚤：通"早"。湛：沉溺。

道家典籍中的农作物

在古老东方，农耕文化随着传统农业之轮缓缓滚动而逐渐成型，成为古代社会物质文明的坚固基石。道家哲学与农业之间，缔结了深厚的联系：一方面，田园诗般的农耕生活，对道家自然观与社会观的塑造产生了不容忽视的催化作用；另一方面，道家的智慧亦为传统农业注入了新的活力，丰富了其基本原则与指导思想。道家倡导的自然与历史观念，呈现一种循环往复的模式——"万物并作，吾以观复"。此种观念的形成，与农作物周期性的生长、收获、储藏息息相关。道家崇尚顺应自然之道，致力于探索"参天地之化育"的深奥学问，然而也常借由日常农事，或具体或抽象地阐释天道与人事变迁的法则。

庄子，曾任职漆园吏，对农事也颇有感悟。《庄子·人间世》中记载："桂可食，故伐之；漆可用，故割之。"以桂和漆为例，巧妙地表达了自然无为的哲学思想。《庄子·秋水》更是将天地比作稊米，用以阐述辩证观的思想，这些都是对农业再生产特征的引申与创造性发挥。

孔子适楚，楚狂接舆游其门曰①："凤兮凤兮②，何如德之衰也？来世不可待，往世不可追也。天下有道，圣人成焉；天下无道，圣人生焉。方今之时，仅免刑焉！福轻乎羽，莫之知载；祸重乎地，莫之知避。已乎，已乎！临人以德。殆乎，殆乎，画地而趋。迷阳迷阳③，无伤吾行。郤行郤曲，无伤吾足。"

山木，自寇也；膏火，自煎也。桂可食④，故伐之；漆可用，故割之。人皆知有用之用，而莫知无用之用也。(《庄子·人间世》)

【注释】

①楚狂接舆：楚国隐士，姓陆，名通，字接舆。

②凤兮凤兮：以凤鸟讽喻孔子。

③迷阳：荆棘。

④桂：桂树皮，气味芳香，可供调味。

河伯曰："若物之外，若物之内，恶至而倪贵贱？恶至而倪小大？"

北海若曰："以道观之，物无贵贱；以物观之，自贵而相贱；以俗观之，贵贱不在己。以差观之①，因其所大而大之，则万物莫不大；因其所小而小之，则万物莫不小。知天地之为稊米也②，知豪末之为丘山也，则差数睹矣③。以功观之④，因其所有而有之，则万物莫不有；因其所无而无之，则万物莫不无。知东西之相反，而不可以相无，则功分定矣。以趣观之⑤，因其所然而然之，则万物莫不然；因其所非而非之，则万物莫不非。

知尧、桀之自然而相非⑥，则趣操睹矣⑦。昔者尧、舜让而帝，之、哙让而绝⑧；汤、武争而王⑨，白公争而灭⑩。由此观之，争让之礼，尧、桀之行，贵贱有时，未可以为常也。梁丽可以冲城而不可以窒穴⑪，言殊器也；骐骥骅骝一日而驰千里⑫，捕鼠不如狸狌⑬，言殊技也；鸱鸺夜撮蚤⑭，察毫末，昼出瞋目而不见丘山，言殊性也。故曰：盖师是而无非⑮，师治而无乱乎？是未明天地之理，万物之情者也。是犹师天而无地，师阴而无阳，其不可行明矣！然且语而不舍，非愚则诬也。帝王殊禅，三代殊继。差其时，逆其俗者，谓之篡夫；当其时，顺其俗者，谓之义之徒。默默乎河伯！女恶知贵贱之门，大小之家！"（《庄子·秋水》）

【注释】

①差：指万物的大小差别。

②稊（tí）米：小米。

③差数：数量的差别。

④功：功能。

⑤趣：趋向，取向。

⑥尧、桀：唐尧和夏桀。尧为圣人，桀为暴君。自然：自是，自以为是。

⑦趣操：志趣和情操。

⑧之、哙让而绝：指燕王哙将王位禅让给子之。齐宣王兴师伐燕，杀死哙与子之，燕国几乎灭绝。让，禅让。

⑨汤、武争而王：指商汤伐桀，周武王伐纣，都因争战获

胜而称王。

⑩白公：名胜，太子建之子。

⑪梁丽：梁栋。丽，屋栋。冲城：冲击城防。窒穴：堵塞小洞。

⑫骐骥骅骝：四种良马，一般骐骥连称，骅骝连称。

⑬狸狌：野猫和黄鼠狼。

⑭鸱鸺（chī xiū）：猫头鹰。撮：抓取。蚤：跳蚤。

⑮盖：通"盍"，何不。师：效法。无：通"毋"，不要，抛弃。

庄周家贫，故往贷粟于监河侯①。监河侯曰："诺。我将得邑金②，将贷子三百金，可乎？"

庄周忿然作色曰："周昨来，有中道而呼者。周顾视车辙中，有鲋鱼焉。周问之曰：'鲋鱼来③！子何为者邪？'对曰：'我，东海之波臣也④。君岂有斗升之水而活我哉！'周曰：'诺。我且南游吴、越之王，激西江之水而迎子⑤，可乎？'鲋鱼忿然作色曰：'吾失我常与⑥，我无所处。吾得斗升之水然活耳，君乃言此，曾不如早索我于枯鱼之肆⑦！'"（《庄子·外物》）

【注释】

①监河侯：监管河工之官。

②邑金：这里指封地赋税。

③来：语气助词，无义。

④波臣：水波中的臣子，即水族中的一员。

⑤激：引发。

⑥常与：经常相依存的，指水。

⑦曾：竟，还。肆：市场。

荤素搭配，相互调和

在远古的饮食文化里，各色肉品扮演着不可或缺的角色。道家的智者们在陈述己见时，亦常以这些肉食为喻，使得君王更易接纳其思想。譬如《庄子·内篇·养生主》中，通过庖丁为文惠君解牛的故事来阐述养生的道理；《庄子·杂篇·让王》更是直接将"屠羊"作为职业，向君王传达"无功不受禄，无德不受宠"的理念。

自然，除了那些只有王公贵族方能品尝的牛羊之肉外，先秦时期亦有猪、狗、鸡等相对平常的肉类。《庄子·内篇·应帝王》中，列子为了修行而"三年不出，为其妻爨，食豕如食人"，这反映出当时人们已有饲养猪作为食物的习惯；《老子·治国篇》中描绘了一个理想化的国度——"邻国相望，鸡犬之声相闻，民至老死不相往来"，从中可以窥见古人日常会饲养家禽等动物的情景。

庖丁为文惠君解牛，手之所触，肩之所倚，足之所履，膝之所踦①，砉然响然②，奏刀騞然③，莫不中音，合于《桑林》之舞④，乃中《经首》之会⑤。

文惠君曰："嘻！善哉！技盖至此乎⑥？"

庖丁释刀对曰⑦："臣之所好者道也，进乎技矣。始臣之解牛之时，所见无非全牛者；三年之后，未尝见全牛也；方今之时，臣以神遇而不以目视⑧，官知止而神欲行⑨。依乎天理⑩，批大郤⑪，导大窾⑫，因其固然。技经肯綮之未尝⑬，而况大軱乎⑭！良庖岁更刀，割也；族庖月更刀⑮，折也。今臣之刀十九年矣，所解数千牛矣，而刀刃若新发于硎⑯。彼节者有间，而刀刃者无厚，以无厚入有间，恢恢乎其于游刃必有馀地矣⑰。是以十九年而刀刃若新发于硎。虽然，每至于族⑱，吾见其难为，怵然为戒⑲，视为止，行为迟，动刀甚微，謋然已解⑳，如土委地。提刀而立，为之四顾，为之踌躇满志㉑，善刀而藏之。"

文惠君曰："善哉！吾闻庖丁之言，得养生焉。"（《庄子·养生主》）

【注释】

①踦（yǐ）：屈跪一膝，顶住牛体。

②砉（huā）然响然：皆为形容解牛时发出的声音。一说砉然为骨肉分离之声，响然为刀砍骨肉之声。

③騞（huō）然：进刀之声。

④《桑林》之舞：传说殷商时期的乐舞曲。

⑤《经首》：传说殷商时期的乐曲。会：节奏，旋律。

元·刘贯道 《梦蝶图》

明 · 文徵明 《品茶图》

南宋·赵佶 《听琴图》

明·陈洪绶 《蕉林酌酒图》

⑥盖：同"盍"，何。

⑦释：放。

⑧神遇：心神感触。

⑨官知止：感官的认知作用停止了。

⑩天理：自然的纹理结构。

⑪批：劈。郤：通"隙"，指筋骨间的缝隙。

⑫导：引刀而入。大窾（kuǎn）：指骨节间的空隙。

⑬技经：犹言经络。技，据考证，当是"枝"字之误，指支脉。经，经脉。肯：带骨肉。綮（qìng）：筋肉盘结处。

⑭軱（gū）：大骨。

⑮族：指一般人。

⑯硎（xíng）：磨刀石。

⑰恢恢乎：宽绰的样子。

⑱族：盘结交错处。

⑲怵（chù）然：警惕的样子。

⑳謋（huò）然：散开的样子。

㉑踌躇满志：这里指从容自得的样子。

郑有神巫曰季咸①，知人之死生、存亡、祸福、寿夭，期以岁月旬日②，若神。郑人见之，皆弃而走。列子见之而心醉③，归，以告壶子④，曰："始吾以夫子之道为至矣，则又有至焉者矣。"

壶子曰："吾与汝既其文，未既其实，而固得道与⑤？"众雌而无雄，而又奚卵焉⑥！而以道与世亢⑦，必信⑧，夫故使人得而相汝⑨。尝试与来。以予示之。"

明日，列子与之见壶子。出，而谓列子曰："嘻！子之先生死矣！弗活矣！不以旬数矣⑩！吾见怪焉，见湿灰焉⑪。"

列子入，泣涕沾襟，以告壶子。壶子曰："乡吾示之以地文⑫，萌乎不震不止⑬。是殆见吾杜德机也⑭。尝又与来。"

明日，又与之见壶子。出，而谓列子曰："幸矣！子之先生遇我也，有瘳矣⑮！全然有生矣！吾见其杜权矣⑯！"

列子入，以告壶子。壶子曰："乡吾示之以天壤⑰，名实不入，而机发于踵。是殆见吾善者机也⑱。尝又与来。"

明日，又与之见壶子。出，而谓列子曰："子之先生不齐⑲，吾无得而相焉。试齐，且复相之。"

列子入，以告壶子。壶子曰："吾乡示之以太冲莫胜⑳，是殆见吾衡气机也㉑。鲵桓之审为渊㉒，止水之审为渊，流水之审为渊。渊有九名，此处三焉㉓。尝又与来。"

明日，又与之见壶子。立未定，自失而走。壶子曰："追之！"列子追之不及。反，以报壶子曰："已灭矣，已失矣，吾弗及也。"

壶子曰："乡吾示之以未始出吾宗。吾与之虚而委蛇㉔，不知其谁何，因以为弟靡㉕，因以为波流㉖，故逃也。"

然后列子自以为未始学而归。三年不出，为其妻爨㉗，食豕如食人。于事无与亲。雕琢复朴，块然独以其形立。纷而封哉，一以是终。(《庄子·应帝王》)

【注释】

①神巫：精于祈祷降神、占卜吉凶的人。

②期：预测。

③心醉：指迷恋、折服。

④壶子：名林，号壶子，郑国人，是列子的老师。

⑤而：通"尔"，你。固：岂，难道。与：通"欤"，语气词。

⑥"众雌而无雄"二句：喻有文无实不能称为道。

⑦而：通"尔"，你。道：指列子所学的表面之道。亢：同"抗"，较量。

⑧信：伸。

⑨使人得而相汝：让神巫窥测到你的心迹，从而要给你相面。

⑩不以旬数：不能用十天来计数，意指活不了十天了。旬，十天。

⑪湿灰：喻毫无生气，没有生机。

⑫乡：通"向"，刚才。地文：大地寂静之象。

⑬萌乎：犹"芒然"，喻昏昧的样子。萌，通"芒"。震：动。止：通行本作"正"，据《阙误》引江南古藏本改。

⑭杜：闭塞。德机：指生机。

⑮有瘳（chōu）：疾病可以痊愈。

⑯杜权：闭塞中有所变化。权，变。

⑰天壤：指天地间一丝生气。壤，地。

⑱善者机：指生机。善，生意。

⑲不齐：指神色变化不定。

⑳吾乡：当是"乡吾"的误倒。太冲莫胜：太虚之气平和无偏颇，无迹可寻。

㉑衡气机：生机平和，不可见其端倪。

㉒鲵：鲸鱼。桓：盘旋。审：借为"沈"，深意。

㉓此处三焉：指鲵桓之水喻杜德机、止水喻善者机、流水喻衡气机。

㉔虚：无所执着。委蛇（yí）：遂顺应变的样子。

㉕弟靡：茅草随风摆动。形容一无所靠。弟（tí），同"稊"，茅草类。

㉖波流：形容一无所滞。

㉗爨（cuàn）：烧火做饭。

楚昭王失国①，屠羊说走而从于昭王②。昭王反国，将赏从者。及屠羊说③。屠羊说曰："大王失国，说失屠羊。大王反国，说亦反屠羊。臣之爵禄已复矣，又何赏之有。"

王曰："强之。"

屠羊说曰："大王失国，非臣之罪，故不敢伏其诛；大王反国，非臣之功，故不敢当其赏。"

王曰："见之！"

屠羊说曰："楚国之法，必有重赏大功而后得见。今臣之知不足以存国，而勇不足以死寇。吴军入郢，说畏难而避寇，非故随大王也。今大王欲废法毁约而见说，此非臣之所以闻于天下也。"

王谓司马子綦曰④："屠羊说居处卑贱而陈义甚高，子綦为我延之以三旌之位⑤。"

屠羊说曰："夫三旌之位，吾知其贵于屠羊之肆也⑥；万钟之禄，吾知其富于屠羊之利也。然岂可以食爵禄而使吾君有妄施之名乎⑦？说不敢当，愿复反吾屠羊之肆。"遂不受也。（《庄子·让王》）

【注释】

①楚昭王：名轸，楚平王之子。失国：失去国家。

②屠羊说（yuè）：屠羊者名为说，因从事屠羊之业，故名。走：逃。

③及：赏到。

④司马：官名。子綦：人名。

⑤延：请。三旌：三公。

⑥肆：店铺。引申为屠羊之业。

⑦妄施：随便施与恩惠，犹乱加。

小国寡民①，使有什伯之器而不用②，使民重死而不远徙③。虽有舟舆，无所乘之④；虽有甲兵，无所陈之⑤。使民复结绳而用之⑥。

甘其食，安其居，乐其俗。邻国相望，鸡犬之声相闻，民至老死不相往来。(《老子·治国》)

【注释】

①小国寡民：使国家小，使百姓少。

②什伯之器：各种各样的器具。什伯，即"什佰"。

③重死：与"轻死"相反，以死为重，怕死。

④无所乘之：没有乘车远行的必要。

⑤无所陈之：没有列阵示威的必要。陈，通"阵"。

⑥结绳：指没有文字之前，用结绳来记事。

"润肌肤，益颜色，通容卫"的酒

道家哲学中，追求自由逍遥之精神贯穿始终，而此精神在尘世中往往借由饮酒赋诗得以显现。正所谓："三杯通大道，一斗合自然。"饮酒被视为一种体悟道的方式与思想紧密相连。《庄子·外篇·达生》中，庄子提出了"醉者神全"的观点，认为人在醉酒之后，精神会更加饱满，思维更加奔放，能够与天地之间的精神进行交流。在这种状态下，人可以暂时回归到某种自然的状态，保持内心的完整和平静。这种状态是内在冲动的极致表现，能够使人忘却自我，将生命融入宇宙的流转之中。

庄子在《庄子·杂篇·渔父》中，通过渔父之口，探讨了"真"的本质，并提出了一种饮酒观念："忠贞以攻为主，饮酒以乐为主。"这里，酒不仅仅是一种饮品，更是达到心灵愉悦的媒介。在先秦国宴上，酒也是不可或缺的元素之一。《庄子·外篇·胠箧》中有载："故曰，唇竭则齿寒，鲁酒薄而邯郸围，圣人生而大盗起。"在这里，酒甚至成为了引发两国战争的导火索。此外，《庄子·杂篇·则阳》中也记录了卫灵公饮酒湛乐的场景，将酒与乐结合记述。

　　"丽之姬①，艾封人之子也。晋国之始得之也，涕泣沾襟；及其至于王所，与王同筐床②，食刍豢，而后悔其泣也。予恶乎知夫死者不悔其始之蕲生乎？梦饮酒者，旦而哭泣；梦哭泣者，旦而田猎。方其梦也，不知其梦也。梦之中又占其梦焉，觉而后知其梦也。且有大觉而后知此其大梦也③。而愚者自以为觉，窃窃然知之。君乎！牧乎④！固哉丘也！与女皆梦也！予谓女梦，亦梦也。是其言也，其名为吊诡⑤。万世之后，而一遇大圣，知其解者，是旦暮遇之也。(《庄子·齐物论》)

【注释】

　　①丽之姬：在中国古代文学中通常指的是骊姬，她是春秋时期晋国晋献公的妃子。

　　②筐床：这里指舒适的床，为君主所用。

③大觉：彻底觉醒，这里指圣人。

④牧：牧夫，养马的人。这里指卑贱之人。

⑤吊诡：极其怪异之谈。吊，至。

尝试论之，世俗之所谓至知者，有不为大盗积者乎？所谓至圣者，有不为大盗守者乎？何以知其然邪？昔者龙逢斩①，比干剖②，苌弘胣③，子胥靡④，故四子之贤，而身不免乎戮。故跖之徒问于跖曰："盗亦有道乎？"跖曰："何适而无有道邪⑤？夫妄意室中之藏⑥，圣也；入先，勇也；出后，义也；知可否，知也；分均，仁也。五者不备而能成大盗者，天下未之有也。"由是观之，善人不得圣人之道不立，跖不得圣人之道不行；天下之善人少而不善人多，则圣人之利天下也少而害天下也多。故曰，唇竭则齿寒，鲁酒薄而邯郸围，圣人生而大盗起。掊击圣人，纵舍盗贼，而天下始治矣。(《庄子·胠箧》)

【注释】

①龙逢斩：关龙逢是夏桀的贤臣，因直谏被杀。

②比干剖：比干是商纣王的叔父，因忠谏被剖心。

③苌弘胣(chǐ)：苌弘是周灵王的贤臣，因遭谗毁自剖而死。胣，剖肠。

④子胥靡：子胥姓伍，名员，字子胥。他力谏吴王灭越，吴王不听，赐剑令子胥自刎。子胥尸体沉入江中，致使糜烂。靡，通"糜"。

⑤何适：指何往，哪一个。

⑥妄意：这里指揣摩，猜想。

量腹而食的墨家

固本深根的粮食观

墨子是平民出身的伟大思想家，少时做过牧童，学过木工，造过车辖。他理解普通百姓的生活之苦，尤其是那些在田间劳作和工坊里辛勤操作的农人与工匠们。在那个诸侯割据、战火纷飞的大变革时期，墨子的饮食观念始终紧扣着农民和小手工业者的利益，他高度重视农业的发展，提出了"固本培元"的主张。

墨子坚信，五谷不仅是百姓生存的基础，也是君王得以养尊处优的来源。他曾言："君实欲天下治而恶其乱，当为食饮，不可不节。"因此，粮食的生产不可忽视，田地的耕作不容懈怠。在墨子看来，粮食是国家的宝贵财富，被圣人所珍视。他甚至强调《周书》中的"国无三年之食者，国非其国也；家无三年之食者，子非其子也"的观点。此外，粮食在动荡不安的时代更显得至关重要，是一国之必需的"战略储备"。如果全国上下能够遵循农时，勤勉耕种，并重视粮食的储备，那么即使在收成不佳的年份，国家也能免于饥荒之苦，无有冻馁之民。由此可见，早在数千年前，先贤哲人们就已经将发展粮食生产置于经济工作的核心位置，深刻地认识到粮食是国民生存的根本。

凡五谷者①，民之所仰也②，君之所以为养也③。故民无仰则君无养。民无食则不可事。故食不可不务也，地不可不力也，用不可不节也。五谷尽收，则五味尽御于主④，不尽收则不尽御。一谷不收谓之馑⑤，二谷不收谓之旱，三谷不收谓之凶，四谷不收谓之馈⑥，五谷不收谓之饥。岁馑，则仕者大夫以下皆损禄五分之一；旱，则损五分之二；凶，则损五分之三；馈，则损五分之四。饥，则尽无禄，禀食而已矣⑦。故凶饥存乎国，人君彻鼎食五分之三，大夫彻县⑧，士不入学，君朝之衣不革制，诸侯之客，四邻之使，雍食而不盛，彻骖骓⑨，涂不芸，马不食粟，婢妾不衣帛⑩，此告不足之至也。

今有负其子而汲者⑪，队其子于井中⑫，其母必从而道之。今岁凶、民饥、道饿，重其子此疚于队，其可无察邪？故时年岁善，则民仁且良；时年岁凶，则民吝且恶。夫民何常此之有？为者疾，食者众，则岁无丰。故曰：财不足则反之时，食不足则反之用。故先民以时生财，固本而用财，则财足。(《墨子·七患》)

【注释】

①五谷：指五种谷物。五谷在古代有多种不同说法，最主要的说法有两种：一种指稻、黍、稷、麦、菽；另一种指麻、黍、稷、麦、菽。

②仰：依赖、依靠。

③养：供养。

④御：使用；应用。

⑤馑：谷物歉收。

⑥馈（kuì）：通"匮"，缺乏。

⑦禀食：官家给食。《汉书·西域传上·罽宾国》云："驴畜负粮，须诸国禀食，得以自赡。"

⑧彻县：亦作"彻悬"。古代君王或卿大夫遇有灾患疾病，即撤去悬挂的钟磬之类乐器，表示不敢贪图逸乐。

⑨骖騑（cān fēi）：驾在服马两侧的马。古代驾车的马若是三匹或四匹，就有骖、服之分。中间驾辕的马叫服，两旁的马叫骖。一说服左边的马叫"骖"，服右边的马叫"騑"。

⑩衣（yì）：穿衣。《孟子·滕文公上》云："许子必织布然后衣乎？"

⑪汲（jí）：从井里打水，取水。《韩非子·五蠹》云："而穿井汲者。"

⑫队：同"坠"，坠落。《左传·庄公八年》云："公（齐襄公）惧，队于车。"

故仓无备粟，不可以待凶饥；库无备兵，虽有义不能征无义①；城郭不备全②，不可以自守③；心无备虑，不可以应卒④。是若庆忌无去之心⑤，不能轻出。夫桀无待汤之备⑥，故放；纣无待武王之备，故杀。桀、纣贵为天子，富有天下，然而皆灭亡于百里之君者何也⑦？有富贵而不为备也。故备者，国之重也；食者，国之宝也；兵者，国之爪也⑧。城者，所以自守也。此三者，国之具也。

故曰：以其极赏，以赐无功，虚其府库，以备车马衣裘奇怪⑨；苦其役徒，以治宫室观乐；死又厚为棺椁，多为衣裘。生时治台榭⑩，死又修坟墓。故民苦于外，府库单于内⑪，上不厌其乐，下不堪其苦。故国离寇敌则伤，民见凶饥则亡，此皆备不具之罪也。且夫食者，圣人之所宝也。故《周书》曰："国无三年之食者，国非其国也；家无三年之食者，子非其子也。"此之谓国备。（《墨子·七患》）

【注释】

①征：用武力制裁，讨伐。无义：没有公理正道；不讲正义。

②城郭：城是内城的墙，郭是外城的墙，泛指"城邑"。

③自守：自保；自为守卫。

④应卒（zú）：亦作"应猝"，犹应急。

⑤是：这。

⑥待：王引之曰："御敌谓之待。"

⑦百里之君：国土比较小的诸侯。

⑧爪（zhǎo）：鸟兽的脚趾，喻党羽、狗腿子，此处指国家利爪。

⑨衣裘：皮裘或泛指衣服。

⑩台榭：中国古代将地面上的夯土高墩称为台，台上的木构房屋称为榭，两者合称为台榭。

⑪单：通"殚"，消耗尽的意思。

节用辞过，强体适腹

在墨子的众多思想中，至今仍闪烁着现实意义光芒的便是其提倡的节用与辞过。墨子，这位秉持着朴素实用主义哲学的思想家，不断地将古代的"圣王"与当代的"人君"进行对比，对后者那种过度追求饮食享受的行为提出了尖锐的批评。墨子坚信：节俭带来繁荣，淫逸导致灭亡。他认为，个体的消费应当严格限制在满足人体最基本自然需求的范畴内，剔除一切非必需的浪费。他提出："古者圣王制为饮食之法，曰：足以充虚继气，强股肱，耳目聪明，则止。不极五味之调、芬香之和，不致远国珍怪异物。"对于五味调和的佳肴与山珍海味，墨子并不苛求。

此外，墨子还从国民健康养生的角度出发，强调个体应根据自身的消化能力来进食，避免暴饮暴食，追求"适度而无害"，适可而止的生活方式。

古之民未知为饮食时，素食而分处①。故圣人作②，诲男耕稼树艺③，以为民食。其为食也，足以增气充虚，强体适腹而已矣。故其用财节，其自养俭，民富国治。今则不然，厚作敛于百姓，以为美食刍豢④，蒸炙鱼鳖。大国累百器⑤，小国累十器，前方丈⑥，目不能遍视，手不能遍操，口不能遍味，冬则冻冰，夏则饰馇⑦。人君为饮食如此，故左右象之。是以富贵者奢侈，孤寡者冻馁⑧。虽欲无乱，不可得也。君实欲天下治而恶其乱，当为食饮不可不节。（《墨子·辞过》）

【注释】

①素食而分处：吃素食且分开居住。

②作：产生，兴起，出现。《周易·系辞下》："包牺氏没，神农氏作。"

③诲：教导，明示。

④刍（chú）：吃草的牲口，如牛、羊。

⑤累百器：堆积上百个食器。

⑥前方丈：前面一丈见方的地方。

⑦饰馇：当为"餲馇（ài yì）"，指食品经久而变质，腐败发臭。如"食馇而餲"。

⑧馁（něi）：饥饿。《左传·桓公六年》："今民馁而君逞欲。"

古者圣王制为饮食之法曰："足以充虚继气，强股肱①，耳目聪明，则止。不极五味之调②，芬香之和，不致远国珍怪异物③。"何以知其然？古者尧治天下，南抚交阯，北降幽都，东西至日所出入，莫不宾服。逮至其厚爱④，黍稷不二⑤，羹胾不重⑥，饭于土塯⑦，啜于土形⑧，斗以酌。俛仰周旋威仪之礼⑨，圣王弗为。[《墨子·节用（中）》]

【注释】

①股肱（gōng）：大腿和胳膊，均为躯体的重要部分。

②极：穷尽，竭尽。王粲《登楼赋》："平原远而极目分。"

③致：招引；招致。贾谊《过秦论》："致天下之士。"

④逮（dài）：赶上；及至；到。《公羊传·成公二年》："逮于袁娄而与之盟。"

⑤黍稷：黍和稷为古代主要农作物，亦泛指五谷。

⑥羹胾（zì）：肉羹和大块肉，亦泛指菜肴。《礼记·内则》："士不贰羹胾。"

⑦土塯（liù）：古代盛饭的瓦器。

⑧土形：亦作"土硎"，古代一种盛汤羹的瓦器。

⑨俛（fǔ）：同"俯"，意为屈身、低头。

子墨子谓公尚过曰："子观越王之志何若？意越王将听吾言①，用我道，则翟将往，量腹而食，度身而衣②，自比于群臣，奚能以封为哉？抑越王不听吾言③，不用吾道，而吾往焉，则是我以义粜也④。钧之粜⑤，亦于中国耳，何必于越哉？"(《墨子·鲁问》)

【注释】

①意：表示推测，可译为料想、假设。

②量腹而食，度身而衣：依据自己的肚量进食，依据自身体格穿衣。

③抑：表示推测，可译为或许、也许。

④则是我以义粜也：那就是我出卖义来获取封地了。粜（tiào），本义指卖出谷物，此处为出卖。

⑤钧：通"均"，相同，相等，均衡，均匀。

损饱者，去余，适足不害。能害饱①，若伤糜之无脾也②。且有损而后益智者，若疟病之之于疟也。(《墨子·经下》)

【注释】

①能害饱：孙诒让《墨子间诂》认为："能与而通。害饱，疑当作饱害。言若食适足不害于人，而过饱乃为害。"

②若伤糜之无脾也：就像糜一样吃得过多会损伤脾胃。

墨子的粮食定量管制方案

解决粮食短缺，确保供应平衡，乃是国家的一项至关重要的使命。而粮食定量管制之策，实为古已有之的智慧结晶。据史籍记载，远在春秋战国时期，秦国便有"有秩史"、下级公职人员以及有嚼者、"受田"者、奴隶及刑徒等不同身份者，实行差异化的口粮标准，其叙述之详尽，令人叹为观止；魏国农民年人均口粮约为十八石，齐国与魏国相仿，约达十八点七石；宋楚所辖之淮河流域，其粮食定量之法，更在《墨子》一书中有所阐述。

翻阅《墨子·七患》，我们得以知晓，在谷物歉收之年，国家陷入凶饥之际，便会启动自上而下的给食削减之策。众所周知，古代粮食生产对气象条件的依赖程度甚深，风调雨顺之时，便可迎来丰收之年；然而一旦气候恶劣，便可能遭遇歉收。于是，丰年与歉年往往交替出现，成为古人生活的一部分。在歉年之际，需采取特殊之策，上自君王、大夫，下至客史、婢妾，无论尊卑，饮食供应皆须在平日基础上进行合理削减，量入为出，以应不时之需。

此外，《墨子·杂守》一篇亦提及，当敌寇围城，国家进入一级战备状态时，便有一套详尽而灵活的国民节粮之法应运而生。此法整体秉持先紧后松的供应原则，分时段调整节粮之策，精打细算至每日每餐的配给量，以期全民共克时艰。

斗食①，终岁三十六石②；参食③，终岁二十四石；四食，终岁十八石；五食，终岁十四石四斗；六食，终岁十二石。斗食食五升，参食食参升小半④，四食食二升半，五食食二升，六食食一升大半，日再食。救死之时，日二升者二十日，日三升者三十日，日四升者四十日，如是，而民免于九十日之约矣。(《墨子·杂守》)

【注释】

①斗：中国市制容量单位，十升为一斗。

②石（shí）：中国市制容量单位，十斗为一石。

③参（sān）：同"叁"，三的大写。参食译为每天吃三分之二斗。

④斗食食五升，参食食参升小半：每天吃一斗，则每餐吃五升，每天吃三分之二斗，则每餐吃三升又一小半升，以此类推。

对"粱肉糟糠"阶层分别的反思

《墨子》对于战国时期不同阶层的饮食差异做出了反思。书中描绘了当时不同社会地位的人们的饮食生活：普通的文士往往只能享用简陋的藜藿之羹，饮食条件相当艰苦；而庶民百姓则是朝出晚归，不敢有丝毫懈怠，一旦倦怠便可能面临饥饿的威胁。墨子对于上层社会的奢靡之风持有批判态度，他反对以音乐伴随饮食的做法。一方面，鉴于当时社会物资本已匮乏，乐师们却能自身不事生产。另一方面，墨子认为，王公贵族对声色犬马的追求，实际上是以牺牲民众的基本利益为代价的。因此，他一再提到"亏夺民衣食之财"（《墨子·非乐上》）、"上不厌其乐，下不堪其苦"（《墨子·七患》），并大胆指出"富贵者奢侈，孤寡者冻馁"（《墨子·辞过》）的现象。

昔者齐康公兴乐万①，万人不可衣短褐，不可食糠糟。曰：食饮不美，面目颜色不足视也；衣服不美，身体从容丑赢不足观也②。是以食必粱肉③，衣必文绣④，此掌不从事乎衣食之财⑤，而掌食乎人者也。是故子墨子曰：今王公大人，惟毋为乐⑥，亏夺民衣食之财，以拊乐如此多也⑦。是故子墨子曰：为乐非也。
〔《墨子·非乐（上）》〕

【注释】

①齐康公：孙诒让认为可能是对齐景公的误称。王焕镳也持这一观点。

②从容：指行为举止。

③粱肉：以粱为饭，以肉为肴。指精美的膳食。

④文绣：刺绣华美的丝织品或衣服。古代在丝帛上刺绣，称为"文绣"。

⑤掌：通"常"。

⑥惟毋：即"唯毋"，发语词。

⑦拊（fǔ）乐：击打乐器所产生的音乐。

子墨子出曹公子而于宋①，三年而反，睹子墨子曰："始吾游于子之门②，短褐之衣③，藜藿之羹④，朝得之，则夕弗得，祭祀鬼神。今而以夫子之教，家厚于始也⑤。有家厚，谨祭祀鬼神。然而人徒多死，六畜不蕃⑥，身湛于病，吾未知夫子之道之可用也。"子墨子曰："不然！夫鬼神之所欲于人者多，欲人之处高爵禄则以让贤也，多财则以分贫也。夫鬼神岂唯攫黍钳肺之为欲哉⑦？今子处高爵禄而不以让贤，一不祥也；多财而不以分贫，二不祥也。今子事鬼神唯祭而已矣，而曰：'病何自至哉？'是犹百门而闭一门焉，曰'盗何从入？'若是而求福于有怪之鬼，岂可哉？"（《墨子·鲁问》）

【注释】

①出：当作"士"，也就是"仕"。曹公子：墨子的门徒。

②游：游学。

③短褐：古代平民穿的粗布短衣。

④藜藿（lí huò）之羹：指用藜和藿两种野菜制作的粗劣饭菜。

⑤家厚于始：家里比当初富裕。

⑥蕃（fán）：繁盛、昌盛。

⑦攫（jué）：抓取。钳（qián）：挟持，夹住。

今也农夫之所以蚤出暮入①，强乎耕稼树艺，多聚叔粟②，而不敢怠倦者，何也？曰：彼以为强必富，不强必贫；强必饱，不强必饥，故不敢怠倦。[《墨子·非命（下）》]

【注释】

①蚤：通"早"，指月初或早晨。

②叔：通"菽"，指豆类。《庄子·列御寇》云："子见夫牺牛乎？衣以文绣，食以刍叔。"粟（sù）：粟子，谷子。

今师徒唯毋兴起①，冬行恐寒②，夏行恐暑，此不可以冬夏为者也。春则废民耕稼树艺，秋则废民获敛③。今唯毋废一时④，则百姓饥寒冻馁而死者⑤，不可胜数。今尝计军上，竹箭羽旄幄幕⑥，甲盾拨劫⑦，往而靡弊腑冷不反者⑧，不可胜数；又与矛戟戈剑乘车⑨，其列往则碎折靡弊而不反者⑩，不可胜数；与其牛马肥而往，瘠而反，往死亡而不反者，不可胜数；与其涂道之修远，粮食辍绝而不继，百姓死者，不可胜数也；与其居处之不安，食饭之不时，饥饱之不节，百姓之道疾病而死者，不可胜数。[《墨子·非攻（中）》]

【注释】

①师徒：这里指军队。兴起：这里指出征。

②冬行：冬天行军。

③获敛：指收割后储存。

④一时：一季。

⑤冻馁（něi）：过分的寒冷与饥饿。

⑥羽旄（máo）：古时常用鸟羽和旄牛尾为旗饰，故亦为旌旗的代称。

⑦甲盾：古代军事装备，即铠甲和盾牌。

⑧往：拿出去。

⑨又与：又如。

⑩往则：原作"列住"。自孙诒让《墨子闲诂》改。

然而又与其散亡道路①，道路辽远，粮食下继傺②，食饮之时，厕役以此饥寒冻馁疾病③，而转死沟壑中者，不可胜计也④。
[《墨子·非攻（下）》]

【注释】

①散亡道路：指士兵在途中四散逃亡。

②傺（chì）：意指停留；暂时居住。

③厕役：杂役。

④胜计：指详尽计算，清晰核算。

今天下为政者，其所以寡人之道多①，其使民劳，其籍敛厚②，民财不足，冻饿死者不可胜数也。且大人惟毋兴师以攻伐邻国③，久者终年④，速者数月，男女久不相见，此所以寡人之道也。与居处不安⑤，饮食不时，作疾病死者⑥，有与侵就橇橐⑦，攻城野战死者，不可胜数。此不令为政者，所以寡人之道数术而起与⑧？圣人为政特无此，不圣人为政，其所以众人之道亦数术而起与？故子墨子曰：去无用之费，圣王之道，天下之大利也。

[《墨子·节用(上)》]

【注释】

①寡人：使人口减少。这里寡为使动词。道：这里指原因。

②其籍敛厚：收取的赋税又十分繁重。

③惟毋：即"唯毋"，发语词。

④终年：一整年。

⑤居处：居家。

⑥作：发生。

⑦侵就橇橐（ài tuó）：当为"侵掠俘虏"。

⑧数术：这里指多种手段。

从真味到至味的追求

大才槃槃的治食元祖

在人类尚未习惯使用火的时代，饮食生活多以茹毛饮血为主，据《韩非子·五蠹》记载，此种原始的饮食方式易使人患病。然而，这一时期，众多治食之祖以他们的智慧之光，逐步塑造并改变了人类的饮食习惯与方式。比如，教人钻木取火、熟食养生的燧人氏，其钻木取火之举，使得人们开始用火烹煮食物，从而强健了民众的体魄，开启了文明的新纪元。这些先哲的故事，包括创制火灶的黄帝，发现草蔬之美的神农，以及被誉为营养学家的彭祖等，大多转化为神话，流传于我们丰富的文化脉络之中。今日我们所习以为常的饮食传统，在其诞生之初，实则承载着极其深远的意义，它们甚至重塑了人类的生存模式。

类似这样的先秦圣人传说，实在是数不胜数。其中，治国大师伊尹，亦是一位深谙调味之道的美食家。伊尹不仅以其治国闻名，也因其高超的厨艺而著称。在中国古籍中，不乏用伊尹来比喻高超厨艺的用语和典故，如《汉书》中有"伊尹善割烹"的描述，昭明太子《七契》言"伊公调和"，枚乘《七发》则云："伊尹煎熬。"而《吕氏春秋·本味篇》更是详细记录了伊尹关于饮食的种种论述，列举了全国各地的肉之美者、鱼之美者、菜之美者、和之美者、饭之美者、果之美者等。

　　上古之世①，人民少而禽兽众，人民不胜禽兽虫蛇，有圣人作，构木为巢以避群害②，而民悦之，使王天下，号曰有巢氏③。民食果蓏蚌蛤④，腥臊恶臭而伤害腹胃⑤，民多疾病，有圣人作，钻燧取火以化腥臊⑥，而民说之，使王天下，号之曰燧人氏⑦。

（《韩非子·五蠹》）

【注释】

　　①上古：汉代以后称上古多指商周秦汉这个时期，但这里指的是夏以前的时代。

　　②构木：架木造屋。

　　③有巢氏：别称"有巢"，尊称"大巢氏"，远古部落领袖，被认为是人类最早采用巢居方式的创造者，开启了巢居文化的发展。

　　④果蓏（luǒ）：瓜果的总称。蚌蛤（bàng gé）：亦作"蟀蛤"，可食用，可入药。

　　⑤腥臊（xīng sāo）：指刺鼻的腥味和臊味。

　　⑥钻燧（suì）：古时的取火方法。燧，取火的器具。即用钻子钻木，因摩擦发热而爆出火星来。

⑦燧人氏：中国古代传说钻木取火的发明者，教人熟食。

古者，民茹草饮水①，采树木之实，食蠃蠬之肉②。时多疾病毒伤之害，于是神农乃始教民播种五谷③，相土地宜，燥湿肥垆高下④，尝百草之滋味，水泉之甘苦，令民知所辟就⑤。当此之时，一日而遇七十毒。(《淮南子·修务训》)

【注释】

①茹（rú）：吃。

②蠃（luǒ）：螺蠃，寄生蜂的一种，常用泥土在墙上或树枝上做窝。螺蠃属胡蜂的统称。蠬（lóng）：古书上说的一种虫。

③神农：中国上古传说中教人农耕，亲尝百草的人物；农业、医药由他开始。

④肥垆（qiāo）：土地肥沃与贫瘠。

⑤辟就：避开和接近。指取舍。

汤得伊尹①，被之于庙②，爝以爟火③，衅以牺猳④。明日，设朝而见之⑤。说汤以至味，汤曰："可对而为乎？"对曰："君之国小，不足以具之，为天子然后可具。夫三群之虫，水居者腥，肉玃者臊⑥，草食者膻。臭恶犹美，皆有所以。凡味之本，水最为始。五味三材⑦，九沸九变⑧，火为之纪。时疾时徐，灭腥去臊除膻，必以其胜，无失其理。调和之事⑨，必以甘酸苦辛咸，先后多少，其齐甚微，皆有自起。鼎中之变，精妙微纤，口弗能言，志不能喻。若射御之微，阴阳之化，四时之数。故久而不弊，熟而不烂，甘而不哝⑩，酸而不酷⑪，咸而不减，辛而不烈，澹而不薄⑫，肥而不䑋。肉之美者：猩猩之唇，獾獾之炙⑬，隽觾之翠⑭，述荡之掔⑮，旄象之约⑯。流沙之西，丹山之南⑰，有凤之丸，沃民所食。鱼之美者：洞庭之鱄⑱，东海之鲕⑲。醴水之鱼⑳，名曰朱鳖㉑，六足、有珠、百碧。藿水之鱼㉒，名曰鳐㉓，其状若鲤而有翼，常从西海夜飞游于东海。菜之美者，昆仑之蘋，寿木之华。指姑之东，中容之国㉔，有赤木玄木之叶焉㉕。余瞀之南，南极之崖，有菜，其名曰嘉树，其色若碧。阳华之芸㉖。云梦之芹，具区之菁㉗。浸渊之草㉘，名曰土英㉙。和之美者：阳朴之姜，招摇之桂，越骆之菌，鳣鲔之醢，大夏之盐，宰揭之露，其色如玉，长泽之卵。饭之美者：玄山之禾，不周之粟，阳山之穄㉚，南海之秬㉛。水之美者：三危之露，昆仑之井，沮江之丘，名曰摇水，白山之水，高泉之山，其上有涌泉焉，冀州之原。果之美者：沙棠之实。常山之北，投渊之上，有百果焉，群帝所食。箕山之东，青鸟之所，有甘栌焉。江浦之橘，云梦之柚，汉上石耳。所以致之，马之美者，青龙之匹，遗风之乘。非先为天子，不可得而具。天子不可强为，必先知道。道者止彼在己，己成而天子成，天子成则至味具。故审近所以知远也，成己所以成人也。圣人之道要矣，岂越越多业哉?"(《吕氏春秋·本味》)

【注释】

①伊尹：商汤大臣，名伊，一名挚，尹是官名。

②祓（fú）：古代用斋戒沐浴等方法除灾求福的仪式。

③爝（jué）：拔火。《说文》："爝，苣火祓也。"爟（guàn）火：祭祀时所举的火。

④衅（xìn）：杀牲，用其血涂于器物缝隙中来祭祀。牺牷（xī jiā）：古代祭祀用的牡豕。

⑤设朝：帝王莅朝听政。

⑥攫：同"攫"，抓取。

⑦三材：三种材料。古代指炊事必备的水、木、火。

⑧九沸：多次煮沸。

⑨调和：调味。

⑩喂（yuàn）：足，厚，这里是味道浓厚。

⑪酷：味道极浓。

⑫澹（dàn）：通"淡"。淡薄，浅淡。

⑬貛（huān）：鼬科哺乳类之貛属动物的泛称。

⑭隽鷬（jùn yàn）：传说中一种鸟的名。高诱《注》："隽鷬，鸟名也。"

⑮述荡（shù dàng）：兽名。掔（wàn）：通"腕"，这里指兽的小腿。

⑯旄象（máo xiàng）：牦牛与象。

⑰丹山：古谓产凤之山名。

⑱鱄（zhuān）：古书上的一种鱼。产于洞庭湖，味美。

⑲鲕（ér）：古书上的一种鱼。

⑳醴水：水名。醴，通"澧"。

㉑朱鳖：传说中的一种赤色的鳖，能吐珠，又称珠鳖。

㉒蘿（guàn）水：传说中的水名。

㉓鳐（yáo）：鱼类的一科，身体扁平，略呈圆形或菱形，肉可食，肝可制鱼肝油，皮可制砂皮和皮革。

㉔中容：传说中的古国名。中容国创始人是帝俊之子中容。

㉕玄木：传说中的一种常绿树，谓食其叶可成仙。

㉖阳华：山名。高诱《注》："阳华乃华阳，山名也……在吴越之间。"芸（yún）：香草名，也叫"芸香"，多年生草本植物，其下部为木质，故又称芸香树。

㉗具区：古泽薮名，即太湖。

㉘浸渊：古渊名。

㉙土英：指蔬菜、花草中的上品。

㉚穄（jì）：穄子，不黏的黍类，又名"糜（méi）子"。

㉛秬（jù）：黑黍。古人视为嘉谷。

一切从烧烤开始

在远古的岁月里，烧烤作为一种原始的食物处理方法，当烹饪艺术尚未绽放其繁复之美时，已作为处理新鲜肉类食物的最基本手段被人类所采用。在我们今日所能翻阅的先秦文献中，如《诗经》《礼记》《仪礼》等经典著作，不难发现肉类食物的处理始于烧烤，且似乎万物皆适宜于烤制。牛、羊、猪成为烧烤中备受青睐的食材，同时，《国语》《汉赋》以及出土的简帛文献中，也大量记录了烤鱼的情景。

在先秦时期，尽管烹饪技术、调料和器具的选择相对有限，烤肉仍旧是餐桌上不可或缺的美食佳肴。《仪礼》与《礼记》等古代典籍中虽然提到了"牛炙"与"羊炙"等炙肉，即我们今天所说的烤肉，但关于原料的加工过程及烤制器具的具体描述却鲜有提及。汉代的郑玄等学者对《仪礼》《礼记》中的相关记载所作的注释，也仅止于"炙，贯之火上"的简略说明。《说文解字》与《释名·释饮食》等辞书对于"炙"的解释同样停留在"炙于火上也"，对于具体的烹饪步骤依旧语焉不详。

然而，在《韩非子·内储说下》中，有一段记载较为详细地描绘了烤肉串的制作过程。文中记载，晋文公重耳在一次品尝烤肉时，发现肉上缠绕着头发，随即质问御膳总管。通过总管的描述，我们可以窥见当时的烤肉方法：将肉切成块状，用荆树枝做成的烤扦将肉块穿起，然后置于炭炉之上烤制。这便是早期烤肉串的雏形。

　　膳：肜①，臐②，脪③，醢，牛炙。醢，牛胾④，醢，牛脍。羊炙，羊胾，醢，豕炙。醢，豕胾，芥酱⑤，鱼脍。雉，兔，鹑⑥，鷃⑦。（《礼记·内则》）

【注释】

　　①肜（xiāng）：牛肉羹。

　　②臐（xūn）：羊肉羹。《广韵·去声·问韵》："臐，羊羹。"

　　③脪（xiāo）：猪肉羹。《说文解字·肉部》："脪，豕肉羹也。"

　　④牛胾（zì）：大块牛肉。孔颖达《疏》："醢五，谓肉酱也；牛胾六，谓切牛肉。"

　　⑤芥（jiè）：草本植物，种子黄色，味辛辣，磨成粉末，称"芥末"，作调味品。

　　⑥鹑（chún）：鸟名。古称羽毛无斑者为鹌，有斑者为鹑，后混称鹌鹑。

　　⑦鷃（yàn）：一种小型的鸟。

宰夫授公饭粱①，公设之于湆西。宾北面辞，坐迁之。公与宾皆复初位。宰夫膳稻于粱西②。士羞庶羞③，皆有大、盖，执豆如宰。先者反之，由门入，升自西阶。先者一人升，设于稻南篹西，间容人。旁四列，西北上，胾以东臐④、胅、牛炙。炙南醢以西，牛胾、醢、牛鮨，鮨南羊炙，以东羊胾、醢、豕炙，炙南醢，以西豕胾、芥酱、鱼脍。众人腾羞者尽阶⑤、不升堂，授，以盖降，出。赞者负东房，告备于公。(《仪礼·公食大夫礼》)

【注释】

　　①粱：这里指粟，小米。

　　②膳稻：膳，犹进食。稻，即今天的大米。

　　③羞庶羞：第一个"羞"为进；庶，众；第二个"羞"为美味的食物。

　　④胅、臐：分别指牛肉和羊肉制成的羹，这些羹只加入五味调料，不混入其他蔬菜。

　　⑤腾：同"縢"，送。

　　文公之时①，宰臣上炙而发绕之②。文公召宰人而谯之曰③："女欲寡人之哽邪④，奚为以发绕炙?"宰人顿首再拜请曰："臣有死罪三：援砺砥刀⑤，利犹干将也⑥，切肉肉断而发不断，臣之罪一也；援木而贯脔而不见发⑦，臣之罪二也；奉炽炉，炭火尽赤红，而炙熟而发不烧，臣之罪三也。堂下得无微有疾臣者

乎^⑧?"公曰："善。"乃召其堂下而谯之，果然，乃诛之。(《韩非子·内储说下》)

【注释】

①文公：晋文公，春秋五霸之一。

②宰臣：为宫廷贵族主管膳食的官吏。

③谯(qiáo)：通"诮"。责备。

④哽：通"鲠"，噎住，食物不能下咽。

⑤砺砥(lì dǐ)：磨刀石。粗者为砺，细者为砥。

⑥干将(gān jiāng)：是古代传说中的一把剑，十大名剑之一。

⑦脔(luán)：切成小块的肉。

⑧堂下：殿堂下的人。借指侍从。

高祖为泗水亭长，送徒骊山^①，将与故人诀去^②。徒卒赠高祖酒二壶，鹿肚、牛肝各一。高祖与乐从者饮酒食肉而去。后即帝位，朝晡尚食^③，常具此二炙，并酒二壶。(《西京杂记》)

【注释】

①骊山：在今陕西省临潼区东南，因古骊戎居此得名，又名郦山。

②诀去：离别。

③朝晡：指一日两餐之食。

日益月滋的调料趣话

先秦时期，中国的调味品已经相当丰富，其中很多在现代饮食中依然扮演着重要角色。同时，古代也有一些今天不常见的调味用品，这反映了古人在饮食上的巧妙和智慧。每一味调料背后都蕴藏着丰富的文化历史，如不可或缺的食盐。中国是世界上最早使用食盐的国家之一，早在先秦时期便有食盐的相关记载。然而，在当时，盐被视为珍贵的物品，主要供宫廷贵族享用，直到春秋战国时期，食盐的使用才逐渐普及至民间。最早的盐源自滨海地区，尤其是齐国的草堰镇，以海盐著称。

至于醋，在中国的历史也非常悠久，超过四千年之久。关于醋的起源，流传着两种说法：一是帝尧采摘瑞草酿制而成的苦酒即为醋；另一说是杜康之子在酿酒过程中偶然发现了醋。在周代，醋被称为醯，当时的酿造技术已经相当成熟，无论是高粱、果子、玉米还是粟米，均可作为制醋的原料。

再来看糖，先秦时期已有关于制糖的记载，最早可追溯至公元前一千年左右。中国古代最初的制糖法是利用麦芽，如《诗经·大雅·绵》中所言："周原膴膴、堇荼如饴。"以及《楚辞·招魂》中的记载："粔籹蜜饵，有餦餭些。"其中的"饴"和"餭"指的都是用麦芽制作的糖浆。

此外，尽管我们今日饮食中的许多常见调料实际上源自国外，例如辣椒是在郑和下西洋期间传入中国的，但对辛辣口感的追求在先秦时期便已体现在烹饪之中。例如，马王堆汉墓中记载的"芫荽牛脯"，便是一道具有辣味的牛肉干，其中"芫荽"的果仁带有辛辣的味道。此外，本土的辣味来源还包括椒、桂、姜、葱、蓼、芥等，这些调料在古人烹饪时也备受青睐。

祭天^①，扫地而祭焉，于其质而已矣。醴酰之美，而煎盐之尚^②，贵天产也。割刀之用，而鸾刀之贵，贵其义也：声和而后断也。（《礼记·效特牲》）

【注释】

①祭天：祭祀天神，祭祀上天。

②煎盐：煮盐。

其北则有阴林巨树^①，楩柟豫章^②，桂椒木兰^③，蘗离朱杨^④，樝梨梬栗^⑤，橘柚芬芳。（《史记·司马相如列传》）

【注释】

①阴林：茂林，因树木众多，浓荫蔽日，故称。

②楩枏（pián nán）：楩楠，指黄楩木与楠木，皆大木。豫章（yù zhāng）：古书上记载的一种树，类似今之樟树。

③桂椒：肉桂及山椒。

④蘗（bò）：古同"檗"。木名，即黄檗，也称"黄柏"，芸香科。

⑤楂（zhā）：同"楂"。落叶乔木，果实球形，红色有白点，味酸，可食。梸（lí）：古同"梨"。樗（yǐng）：一种果子。亦称软枣、黑枣。

食：蜗醢而苽食①、雉羹；麦食②，脯羹、鸡羹；析稌、犬羹、兔羹。和糁③，不蓼。（《礼记·内则》）

【注释】

①蜗醢（wō hǎi）：用蚌蛤类的肉做成的酱。苽（gū）：多年生草本植物，生在浅水里，嫩茎称"茭白""蒋"，可做蔬菜。果实称"菰米""雕胡米"，可煮食。

②麦食：麦饭。

③糁（shēn）：谷类制成的小糁。

于是管仲与桓公盟誓为令曰①："老弱勿刑，参宥而后弊②。关几而不正，市正而不布。山林梁泽，以时禁发，而不正也。"

草封泽盐者之归之也，譬若市人。三年教人，四年选贤以为长，五年始兴车践乘。遂南伐楚，门傅施城。北伐山戎③，出冬葱与戎叔，布之天。果三匡天子而九合诸侯。(《管子·戒》)

【注释】

①管仲：春秋时期齐国著名的政治家、思想家。

②参宥：三宥。对犯罪者可以从宽处理的三种情况。

③山戎：古代北方部族名，又称北戎，匈奴的一支。活动地区在今河北省北部。

锦绣缦緰离云爵。乘风县钟华洞乐。

豹首落莫兔双鹤。春草鸡翘凫翁濯。

郁金半见缃白䌽①。缥缤绿纨皂紫硟②。

烝栗绢绀缙红繎③。青绮绫縠靡润鲜④。

绨络缣练素帛蝉⑤。绛缇絓绸丝絮绵⑥。

䖢敝囊橐不直钱。服琐㼡帒与缯连⑦。

賨贷卖买贩肆便⑧。资货市赢匹幅全。

绤纻枲缊裹约缠⑨。纶组縌绶以高迁。

量丈尺寸斤两铨⑩。取受付予相因缘。

稻黍秫稷粟麻粳⑪。饼饵麦饭甘豆羹。

葵韭葱薤蓼苏姜⑫。芜荑盐豉醯酢酱⑬。

芸蒜荠芥茱萸香⑭。老菁蘘荷冬日藏⑮。

梨柿柰桃待露霜⑯。棘杏瓜棣馓饴饧。

园菜果蓏助米粮。甘麩殊美奏诸君⑰。(《字书·急就篇》)

【注释】

①䌥(yuè):白䌥,缟也,没有染颜色的白色丝织物。

②缥(piǎo):丝织物淡青色。《说文》:"缥,帛青白色也。"綟
(lì):青绿色。碊(chàn):利用石器压平丝帛,增加其光泽和
平整度。

③绀(gàn):红青,微带红的黑色。缙(jìn):赤色的帛。
然(rán):深红色。

④縠(hú):用细纱织成的皱状丝织物。

⑤绨(tí):光滑厚实的丝织品。缣:双丝的细绢。

⑥绛(jiàng):赤色,火红。缇(tí):橘红色。

⑦緰(tōu):古代一种精美的细布。亦作"緰赀""緰此"。
缯(zēng):古代对丝织品的总称。

⑧貰(shì):借,借贷。

⑨绤(xì):粗葛布。纻(zhù):用麻织成的布。枲(xǐ):
不结籽实的大麻。其茎皮纤维可织夏布。

⑩铨(quán):称重量的器具,即秤。

⑪秫(shú):黏高粱,可以做烧酒。稷:古代一种粮食作物,
指粟或黍属。秔(jīng):同"粳"。一种黏性较小的稻类。

⑫葵:植物名,指"冬葵",是古代主要的蔬菜。薤(xiè):
菜名,即藠头,后作"薤"。蓼(liǎo):一年生草本植物,叶披
针形,花小,白色或浅红色,果实卵形、扁平,生长在水边或

水中。

⑬芜荑：木名，姑榆，叶、果、皮可入药，仁可做酱，味辛，又名无姑。

⑭芸（yún）：香草名，也叫"芸香"。蒜（suàn）：多年生草本植物，地下鳞茎分瓣，按皮色不同分为紫皮种和白皮种。味辣，有刺激性气味，可食用或供调味，亦可入药，通称"大蒜"。茱萸（zhū yú）：一种落叶小乔木，花朵为黄色，结出椭圆形的红色果实，味道酸，具有药用价值。

⑮蘘荷（ráng hé）：多年生草本植物，开白色或淡黄色大花，结蒴果，茎与叶可制纤维，根可入药。

⑯柰（nài）桃：山樱桃的别名。

⑰麴（qù）：大麦粥。

五味调和的饮食文化

在先秦两汉时期的饮食文化中，"味"的最高境界被认为是"和"。早在先秦时期，文献中就频繁提及"五味调和"的理念。《礼记·内则》中巧妙地将味道与四季变换相联系，主张应随时节之变迁而调整饮食口味，以实现身心之和谐。这一理念不仅体现了对自然规律的尊重，也反映了古人对健康饮食的深刻理解。《吕氏春秋》则进一步阐明了味道调和能引领精神层面的和谐统一。彼时，调味艺术的大师——易牙，也被《孟子》誉为调香之鼻祖，他的技艺不仅在当时受到推崇，也对后世的烹饪艺术产生了深远的影响。

进入汉代，"五味调和"的观念与养生之道紧密相连，成为汉代饮食文化的显著特征。马王堆汉墓出土的珍贵文献《养生方》以及汉代哲学著作《淮南子》，均强调若能遵循"五味"的饮食准则，不仅能够促进个体的精神气质，更能使人达到耳聪目明、气血充盈的理想状态。可见，先秦两汉时期的饮食文化中，"五味调和"不仅是一种烹饪技艺的追求，更是一种养生哲学的体现。通过调和五味，古人试图达到身心和谐，促进健康长寿的目的。

凡和①，春多酸，夏多苦，秋多辛，冬多咸，调以滑甘②。(《礼记·内则》)

【注释】

①和：调和味道。

②滑甘：古代用于调味的食材，亦指味道鲜美的食物。

调和之事①，必以甘酸苦辛咸，先后多少，其齐甚微，皆有自起。鼎中之变，精妙微纤②，口弗能言，志不能喻。(《吕氏春秋·本味》)

【注释】

①调和：调味。

②微纤：微细。

故龙子曰："不知足而为屦①，我知其不为蒉也②。"屦之相似，天下之足同也。口之于味，有同耆也③。易牙先得我口之所耆者也。如使口之于味也，其性与人殊，若犬马之与我不同类也，则天下何耆皆从易牙之于味也？至于味，天下期于易牙，是天下之口相似也，惟耳亦然。至于声，天下期于师旷，是天下之耳相似也。惟目亦然。至于子都，天下莫不知其姣也。不知子

都之姣者，无目者也。（《孟子·告子上》）

【注释】

　　①屦（jù）：用麻、葛等制成的单底鞋，也泛指鞋。

　　②蒉（kuì）：草编的筐子。

　　③同耆（qí）：相似的喜好。

　　天下之人，唯各特意哉，然而有所共予也。言味者予易牙，言音者予师旷，言治者予三王。三王既以定法度，制礼乐而传之①，有不用而改自作，何以异于变易牙之和②，更师旷之律？无三王之法，天下不待亡，国不待死。（《荀子·大略》）

【注释】

　　①礼乐：礼节和音乐。古代帝王常用兴礼乐作为手段，以求达到尊卑有序、远近和合的统治目的。

　　②和：调和味道。

　　白公问孔子曰①："人可与微言乎②？"孔子不应。白公问曰："若以石投水，何如？"孔子曰："吴之善没者能取之。"曰："若以水投水，何如？"孔子曰："淄、渑之合③，易牙尝而知之。"白公曰："人固不可与微言乎？"孔子曰："何为不可？唯知言之谓者乎！夫知言之谓者，不以言言也。争鱼者濡，逐兽者趋，非乐之也。故至言去言，至为无为。夫浅知之所争者，末矣。"白公不得已，遂死于浴室。（《列子·说符》）

【注释】

①白公：春秋时期楚国的大夫，于楚惠王十年发动叛乱，最终被叶公击败。

②微言：密谋。

③淄（zī）：水名，在山东省。渑（shéng）：古水名，在今山东省临淄区一带。

和如羹焉，水火醯醢盐梅，以烹鱼肉，燀之以薪①，宰夫和之，齐之以味②，济其不及，以泄其过，君子食之，以平其心，君臣亦然，君所谓可，而有否焉，臣献其否，以成其可，君所谓否，而有可焉，臣献其可③，以去其否，是以政平而不干民无争心，故《诗》曰："亦有和羹，既戒既平，鬷假无言，时靡有争。"先王之济五味。（《左传·昭公二十年》）

【注释】

①燀（chǎn）：炊、燃烧。薪（xīn）：柴火。

②齐（jì）：调和味道，使之适宜。

③献：指出。

饮食臭味，每至一时，亦有所胜、有所不胜之理，不可不察也。四时不同气，气各有所宜，宜之所在，其物代美。视代美而代养之，同时美者杂食之，是皆其所宜也。故荠以冬美，而荼以夏成①，此可以见冬夏之所宜服矣。冬，水气也②，荠，甘味也③，乘于水气而美者，甘胜寒也。荠之为言济与？济，大水也。夏，火气也，荼，苦味也，乘于火气而成者，苦胜暑也。天无所言，而意以物④。物不与群物同时而生死者，必深察之，是天之所以告人也。故荠成告之甘，荼成告之苦也。君子察物而成告谨，是以至不可食之时，而尽远甘物，至荼成就也。天所独代之成者，君子独代之，是冬夏之所宜也。春秋杂物其和，而冬夏代服其宜，则常得天地之美，四时和矣。凡择味之大体，各因其时之所美，而违天不远矣。是故当百物大生之时，群物皆生，而此物独死。可食者，告其味之便于人也；其不可食者，告杀秽除害之不待秋也。当物之大枯之时，群物皆死，如此物独生，其可食者，益食之。天为之利人，独代生之，其不可食，益畜之。（《春秋繁露·循天之道》）

【注释】

①荼（tú）：一种苦菜。

②水气：古代哲学概念，指五行中水的精气。

③甘味：指甜美的味道。中医理论中，甘味食物具有滋养、调和、缓解紧张的功效。此处指的是荠菜具有甜味。

④而意以物：通过物质的变化来传达意念。